职业教育课程改革系列教材

After Effects CS4 案例教程

曾祥民　谢宝善　主编

電子工業出版社

Publishing House of Electronics Industry

北京·BEIJING

内 容 简 介

本书共分为两篇：基础篇和案例篇。基础篇包括第 1 章和第 2 章，第 1 章介绍影视后期制作常用名词和 After Effects CS4 软件的初始化设置。第 2 章介绍 After Effects CS4 的基本操作流程。案例篇包括第 3～6 章，第 3 章介绍基本动画制作的理念，第 4 章展示特技制作功能，第 5 章是颜色调整部分，第 6 章介绍三维合成的使用技巧。

本书还涉及到了 After Effects CS4 相关技巧知识的讲解，使初学者通过案例模拟的方式掌握基本技能，通过案例小结的方式回顾所学知识，并拓展新的应用技巧。

本书配有电子教学参考资料包，包括配套素材、教学指南、电子教案、习题解答，详见前言。

本书内容由易到难、由浅入深，适用于初入影视行业者作为参考书，也可作为应用型本科、高职、中职院校影视包装合成专业学生的相关课程教材，还可作为 After Effects CS4 的培训教材。

未经许可，不得以任何方式复制或抄袭本书之部分或全部内容。
版权所有，侵权必究。

图书在版编目（CIP）数据

After Effects CS4 案例教程 / 曾祥民，谢宝善主编. —北京：电子工业出版社，2012.1
职业教育课程改革系列教材
ISBN 978-7-121-15375-4

Ⅰ. ①A… Ⅱ. ①曾…②谢… Ⅲ. ①图象处理软件，After Effects CS4—中等专业学校—教材 Ⅳ. ①TP391.41

中国版本图书馆 CIP 数据核字（2011）第 252528 号

责任编辑：关雅莉
印　　刷：北京七彩京通数码快印有限公司
装　　订：北京七彩京通数码快印有限公司
出版发行：电子工业出版社
　　　　　北京市海淀区万寿路 173 信箱　邮编　100036
开　　本：787×1 092　1/16　印张：19　字数：486.4 千字
版　　次：2012 年 1 月第 1 版
印　　次：2019 年 3 月第 9 次印刷
定　　价：34.00 元

凡所购买电子工业出版社图书有缺损问题，请向购买书店调换。若书店售缺，请与本社发行部联系，联系及邮购电话：(010) 88254888，88258888。
质量投诉请发邮件至 zlts@phei.com.cn，盗版侵权举报请发邮件至 dbqq@phei.com.cn。
本书咨询联系方式：(010) 88254617，luomn@phei.com.cn。

随着科学技术的发展，特别是数字技术的发展，数字视频已全面渗透到电影、电视、网络、互动艺术、手机视频等各个媒体行业中。数字特技变得越来越常见，数字视频制作技术开始进入快速发展阶段。作为数字视频制作技术的平台，计算机技术也迅速发展，其软、硬件功能越来越强大。在计算机性能提升的同时，其价格却在不断降低，数字视频制作不再仅依赖于昂贵的专业设备，更多的视频制作爱好者开始参与其中，数字视频制作技术变得越来越普及。

After Effects 是 Adobe 公司推出的一款拥有广泛用户群的数字视频制作合成软件，它具有友好的操作界面、强大的视频特技处理功能、良好的兼容性，广泛应用于各级电视台、影视制作机构，是广大视频工作者首选的后期合成工具。

本书以案例讲解的方式介绍 After Effects CS4 的特效功能。全书分为两篇：基础篇和案例篇，共六章。基础篇包括第 1 章和第 2 章，第 1 章重在介绍影视后期制作常用名词和 After Effects CS4 软件的初始化设置，第 2 章重在介绍 After Effects CS4 的基本操作流程，力求让读者从宏观角度掌握影视包装合成的基础知识结构和基本工作框架。案例篇包括第 3～6 章，第 3 章重在介绍基本动画制作的理念，用几个典型案例让读者理解动画制作的精髓，熟悉动画制作技巧，为后续的合成操作打下良好基础。第 4 章重在让读者熟悉 After Effects CS4 常用特效，展示特技制作功能。第 5 章是颜色调整部分，用几个不同色彩类型的典型案例介绍颜色调整特效的使用，让读者熟悉颜色调整的基本思路，理解修饰画面的原理和技巧，能运用颜色调整特效使画面形成整体色调风格。第 6 章介绍三维合成的使用技巧，用三维展现立体感，体现真实感，用多个元素的拼合、叠加，展现合成理念。

全书力求通过完整翔实的讲解及明确清晰的制作步骤，使读者用最简单的方式对软件的操作、经典特效的应用和动画功能的设置等有一个完整的认识，同时兼顾画面构图、色彩调整、三维合成等制作理念在案例中的融合。本书中的经典案例基本上都是应用 After Effects 内置特效及常用外挂插件来完成的。通过各种特效的组合和添加，相关功能的穿插和应用获得全新的影视效果。本书还涉及 After Effects CS4 相关技巧知识的讲解，使初学者通过案例模拟的方式掌握基本技能，通过案例小结的方式回顾所学知识，并拓展新的应用技巧。

本书内容由易到难、由浅入深，适用于初入影视行业者作为参考书，也可作为应用型本科、高职、中职院校影视包装合成专业学生的相关课程教材，还可作为 After Effects CS4 的培训教材。

为了方便教师教学，本书配有电子教学参考资料包，包括本书配套素材、教学指南、电子教案、习题解答。请有此需要的读者登录华信教育资源网（www.hxedu.com.cn）免费注册后进行下载，有问题时请在网站留言板留言或与电子工业出版社联系（E-mail:hxedu@phei.com.cn）。

本书由曾祥民、谢宝善担任主编，谢芳芳担任副主编，杜鸿涛、刘畅、吕金鹤参编。由于时间紧迫，编者技术水平有限，书中难免有疏漏之处，敬请广大读者批评指正。

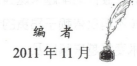

编　者

2011 年 11 月

第一篇 基 础 篇

第 1 章 After Effects CS4 基础 ········ 3
- 1.1 常用影视后期制作专业名词介绍 ········ 3
- 1.2 After Effects CS4 功能介绍 ········ 5
- 1.3 After Effects CS4 支持的文件格式 ········ 7
  - 1.3.1 After Effects CS4 支持的视频文件格式 ········ 7
  - 1.3.2 After Effects CS4 支持的图像文件格式 ········ 8
  - 1.3.3 After Effects CS4 支持的音频文件格式 ········ 9
- 1.4 After Effects CS4 界面初始化设置 ········ 10
- 1.5 After Effects CS4 项目设置 ········ 13
- 习题 ········ 14

第 2 章 After Effects 的基本操作流程 ········ 16
- 2.1 素材文件的导入与管理 ········ 16
  - 2.1.1 素材的导入 ········ 16
  - 2.1.2 素材的管理 ········ 19
- 2.2 创建合成 ········ 20
- 2.3 添加滤镜 ········ 23
  - 2.3.1 添加滤镜的方法 ········ 23
  - 2.3.2 复制和删除滤镜 ········ 24
- 2.4 动画的设置 ········ 24
  - 2.4.1 关键帧的添加 ········ 25
  - 2.4.2 关键帧的删除 ········ 27
- 2.5 渲染输出 ········ 27
  - 2.5.1 渲染顺序 ········ 28
  - 2.5.2 渲染设置 ········ 29
  - 2.5.3 输出模块设置 ········ 30
  - 2.5.4 输出路径设置 ········ 31
- 习题 ········ 31

第二篇 案 例 篇

第 3 章 动画的制作 ... 35
- 3.1 闪动的星星效果的制作 ... 35
- 3.2 打开画轴效果的制作 ... 42
- 3.3 金光大道效果的制作 ... 50
- 3.4 招贴海报的制作 ... 59
- 3.5 手写字效果的制作 ... 66
- 3.6 放大镜效果制作 ... 75
- 3.7 俯瞰地球效果的制作 ... 83
- 习题 ... 91

第 4 章 文字特效的制作 ... 93
- 4.1 飞舞方块文字特效的制作 ... 93
- 4.2 光影幻化文字特效的制作 ... 108
- 4.3 透视文字的制作——摄像机的使用 ... 119
- 4.4 炫彩文字特效的制作 ... 128
- 4.5 粒子特效文字的制作 ... 149
- 4.6 绚丽扫光文字的制作 ... 161
- 习题 ... 171

第 5 章 颜色调整 ... 173
- 5.1 水墨画效果的制作 ... 173
- 5.2 唯美 MV 效果的制作 ... 182
- 5.3 淡彩效果的制作 ... 188
- 5.4 画面的分区域校色 ... 202
- 5.5 颜色匹配 ... 211
- 习题 ... 223

第 6 章 三维与合成 ... 225
- 6.1 三维盒子效果的制作 ... 225
- 6.2 化妆品广告的制作 ... 235
- 6.3 三维片头的制作 ... 246
- 6.4 娱乐片头的制作 ... 261
- 习题 ... 279

附录 A 常用快捷键列表 ... 281
附录 B 中英文菜单对照表 ... 283

第一篇

基 础 篇

 After Effects CS4 基础

 After Effects 的基本操作流程

第 1 章

After Effects CS4 基础

学习内容

本章主要介绍影视后期制作的基础知识和 After Effects CS4 基本工作场景的设置方法，常用的影视后期制作专业名词，After Effects CS4 基本功能，能与 After Effects CS4 兼容的视音频文件格式。

学习目标

- 理解影视后期制作常用名词的含义
- 了解 After Effects CS4 的基本功能
- 掌握对 After Effects CS4 进行初始化设置和项目设置的方法

1.1 常用影视后期制作专业名词介绍

1. 帧（Frame）

无论是电影或者电视，都是利用动画的原理使静止的图像产生运动，即将一系列差别很小的静态画面以一定速率连续放映，由于视觉暂留现象[1]，连续运动的画面就会产生运动的视觉。这些连续运动的静态画面就是帧，它是构成动画或视频的最小单位。

2. SMPTE 时间码

SMPTE 是 The Society of Motion Picture and Television Engineers 的缩写，是目前在影音工业中得到广泛应用的一个时间码概念。该码可用于设备之间时间的同步，主要参数格式是

---

[1] 视觉暂留现象是当物体在快速运动时，人眼对于时间上每一个点的物体状态会有短暂的保留现象。例如在黑暗的房间中挥舞一支点燃的蜡烛。由于时间暂留现象，看到的不是一个红点沿弧线运动，而是一道道的弧线。这是由于蜡烛在前一个位置发出的光还在人的眼睛里短暂保留，它与当前蜡烛的光融合在一起，组成一段弧线。

"小时:分钟:秒:帧"。在处理视频时,时间码可精确地找到每一帧,并同步图像和声音元素。实际上,SMPTE时间码就是以"小时:分钟:秒:帧"的形式确定每一帧的地址,以便于编辑、处理。

3. Alpha通道

Alpha通道是一个8位的灰度通道,该通道用256级灰度来记录图像中的透明度信息,定义透明、不透明和半透明区域,其中黑表示全透明,白表示不透明,灰表示半透明。

通常情况下,After Effects中的Alpha通道分为两种类型:Straight和Premultiplied。

(1) Straight Alpha通道将素材的透明度信息保存在独立的Alpha通道内,也被称为Unmatted Alpha通道(不带遮罩的Alpha通道)。Straight Alpha通道应用在有高标准、高精度颜色要求的电影中时能产生较好的效果,但它只有在少数程序中才能产生。

(2) Premultiplied Alpha通道用于保存Alpha通道中的透明度信息,同时它也保存可见的RGB通道中的相同信息。Premultiplied Alpha通道也被称为Matted Alpha(带有背景色遮罩的Alpha通道)。它的优点是有广泛的兼容性,大多数的软件都能够产生这种Alpha通道。

4. 色彩模式

电视色彩由三原色:红、绿、蓝组成。满足电视制作要求的色彩的位深度是8位(8bit),即一种颜色的饱和度要分为2的8次方等级,即256级。那么三种颜色组成的电视信号也就是3个8位通道,就是通常所说的24位(24bit)色彩。由于电视制作中有时还涉及Alpha通道(Alpha通道也是8位的色彩位深度),因此含有Alpha通道的素材,一般称为24+8,即32位(32bit)的素材。

由于制作需要,有些素材的色彩的位深度是10bit。这类素材就需要使用能够识别和给予大于8bit色彩位深度的软件进行操作,否则,这些高质量素材在制作过程中画面质量将受到影响,且和普通8bit素材没什么差别了。

5. 电视制式

电视制式即电视信号的标准。世界上主要使用的电视制式有NTSC、PAL、SECAM三种。制式的区别主要在于其帧频(场频)、分辨率、信号带宽,以及载频、色彩空间转换关系等方面。

① NTSC制式是1952年由美国国家电视标准委员会指定的彩色电视广播标准,它采用正交平衡调幅的技术方式,故也称为正交平衡调幅制。这种制式的帧速率为29.97fps(帧/秒),每帧525行262线,标准分辨率为720×480(单位为像素)。美国、加拿大等大部分西半球国家,以及中国的台湾、日本、韩国、菲律宾等均采用这种制式。

② PAL制式是前联邦德国在1962年指定的彩色电视广播标准,它采用逐行倒相正交平衡调幅的技术方法,克服了NTSC制相位敏感造成色彩失真的缺点。这种制式帧速率为25fps,每帧625行312线,标准分辨率为720×576(单位为像素)。德国、英国等一些西欧国家,新加坡、中国大陆、中国香港、澳大利亚、新西兰等国家采用这种制式。PAL制式中根据不同的参数细节,又可以进一步划分为G、I、D等制式,其中PAL-D是我国大陆采用的制式。

③ SECAM制式中的SECAM是法文的缩写,意为顺序传送彩色信号与存储恢复彩色信号制,是由法国在1956年提出,1966年制定的一种新的彩色电视制式。它采用时间分隔

法来传送两个色差信号，克服了 NTSC 制式相位失真的缺点。这种制式帧速率为 25fps，每帧 625 行 312 线，标准分辨率为 720×576（单位为像素）。使用 SECAM 制式的国家主要集中在法国、东欧和中东一带。

6．高清晰度电视

高清晰度电视（High Definition Television）代表高质量图像和杜比数字环绕立体声。原 ITU-R（国际电信联盟无线电通信组）给高清晰度电视下的定义是："高清晰度电视应是一个透明系统，一个正常视力的观众在距该系统显示屏高度的三倍距离上所看到的图像质量应具有观看原始景物或表演时所得到的印象"。其水平和垂直清晰度是常规电视的两倍左右，配有多路环绕立体声。从视觉效果来看，高清电视图像质量可达到或接近 35mm 宽银幕电影的水平，它将 500 多线的视频画面（标准清晰度电视，简称标清）提升到 1080 线的清晰度，加上高清的 16:9 宽屏幕模式，意味着能看到几倍于原标清节目的细节。

美国消费电子协会公布的高清标准从技术参数方面对高清作了定义。数字电视分为高清晰度电视（HDTV）、增强清晰度电视（EDTV）和标准清晰度电视（SDTV）三大类。其中高清晰度电视必须达到的技术指标为：须至少 720 线逐行或 1080 线隔行扫描，屏幕宽高比应为 16:9，采用杜比数字音响，能将高清晰格式转化为其他格式，并能接收并显示较低格式的信号。

目前常见的高清格式有三种：
① 720P/29.97，画面尺寸为 1280pxel×720line，每秒 29.97 帧逐行扫描；
② 1080i/50，画面尺寸为 1920pxel×1080line，每秒 25 帧、50 场隔行扫描；
③ 1080p/25，画面尺寸为 1920 pxel×1080line，每秒 25 帧逐行扫描。

我国国家广电总局于 2000 年 8 月发布了 GY/T 155—2000 高清晰度电视节目制作及交换使用的视频参数标准，将 1080i/50 确定为中国的高清晰度电视信号源画面标准，1080i/50 与我国现行的标清信号源 576/50i（PAL）可以非常容易地实现上/下变换，为标清向高清过渡提供了良好的条件。目前 1080/50i 已经成为中国广播电视的行业标准。

1.2　After Effects CS4 功能介绍

After Effects 是一款定位于高端视频特效制作的专业特效合成软件。它借鉴了许多优秀软件的成功之处，将视频特效合成上升到新的高度。After Effects 以其强大、精确的制作工具为依托，为制作者提供了非凡的创作力。通过它可以灵活地创建、调整动画路径，轻松设计广播级特效，并直接输出成电影、电视、新媒体等各种格式。

After Effects CS4 功能归纳起来有以下几点。
① 多格式合成
针对视频、音频、静帧、动画文件进行无限层画面合成。
◎ 用 Adobe 标准 Pen（钢笔）工具或其他易于使用的绘图工具创建复杂的游动的 Mattes（遮片），然后将这些 Mattes 以各种各样的特性应用到图像上。
◎ 创建并处理 Alpha 通道。
◎ 每层画面最多可以加用 128 个打开或关闭的 Masks（遮罩）。
◎ 用 Add、Subtract、Intersect、Difference 命令将各种 Mask 组成不同寻常的形状。

◎ 用自由变换命令对 Mask 或其中一部分进行旋转或缩放操作。
◎ 用 Interlayer Transfer 命令调整层间相互叠加关系。

② 设置无压缩动画

每层画面的所有属性，如位置、旋转、透明度等都可添加无限数量的关键帧点。

◎ 以一个像素点的 1/65000 的精确度对层的位置和运动进行精确调整。
◎ 用独一无二的 roving 键特性设计逼真、自然的运动轨迹。
◎ 用 Motion Sketch 绘制运动轨迹并记录其速度，就像在纸上画手绘画一样简单。
◎ 用真正的运动模糊功能模拟快门时间。
◎ 用 Time Remapping 特效制作慢动作、抽帧、回放延迟、倒放、定格等效果。
◎ 移动挡板位置、改变其形状、进行羽化操作等。
◎ 用 Path Text plug-in 使文字沿任意形状的挡板运动。

③ 制作特效

使文字沿着既定路线运动，还可加用各种特效，如拖尾、字母旋转、jitter 等。

◎ 不少于 85 种外挂特效。
◎ 每层画面都可加用多种不同的特效。
◎ 将 Render 特效，如 Fill、Stroke、Audio Waveform 等，加用到打开或关闭的 Mask 上可产生独特的画面内容。
◎ 创建 Adjustment Layer，把特效整体地使用到其下的所有层上。
◎ 用 Smear 对图像的局部进行拉伸或变形。
◎ 用 Color Adjustment 可替换掉图像中的某些颜色。

④ 广播级的处理能力

可对最高达 4000×4000px 分辨率的文件进行处理。也可先用低分辨率快速完成初步设计，然后再转换回原始分辨率进行最终输出。

◎ 用 RAM Preview 方式无声音实时回放 Composition。
◎ 对一个 Composition 进行不同尺寸的生成，或多个 Composition 同时进行批生成，甚至可以保存生成模板。
◎ 支持跨平台的 QuickTime 4.0。
◎ 以任何帧率（最高 99fps）控制场生成顺序。
◎ 指定输出帧率和分辨率（最高 4000×4000px），加用防抖动处理以适应包括 HDTV 在内的国际广播级标准。
◎ 对诸如 Dl、DV 视频格式用 Pixel Aspect Ratio 选项进行补偿。
◎ 用 3:2 Pull down/Removal 选项进行电影、电视格式间的无缝转换。

⑤ 输入/输出数字视频格式

◎ 可便捷地输入 QuickTime、Photoshop、Illustrator、TIFF、Targa、BMP、PICT、静帧图像序列、Filmstrip、AIFF（仅 Macintosh）、FLC、FLI、WAV 音频等各种图像文件。
◎ 可便捷地输出 QuickTime、Photoshop、GIF 动画、TIFF、Targa、PICT、静帧图像序列、Filmstrip、AIFF（仅 Macintosh）、FLC 等各种图像文件。
◎ 对于 Windows 格式，可输入、输出 AVI 文件。

1.3 After Effects CS4 支持的文件格式

1.3.1 After Effects CS4 支持的视频文件格式

1. AVI

AVI（Audio Video Interleaved）格式是由 Microsoft 公司开发的一种音频与视频文件格式，可以将视频和音频交错在一起同步播放。由于 AVI 文件没有限定压缩的标准，因此不同的压缩编码标准生成的 AVI 文件，不具有兼容性，必须使用相应的解压缩算法才能播放。常见的编码方式有 No Compression、Microsoft Video、Intel Video 和 Divx 等。不同的视频编码不仅影响影片质量，还影响文件的大小。

2. MPEG

MPEG（Moving Pictures Experts Group）格式是运动图像压缩算法的国际标准，几乎所有的计算机平台都支持它。MPEG 有统一的标准格式，兼容性相当好。MPEG 标准包括 MPEG 视频、MPEG 音频和 MPEG 系统（视、音频同步）3 个部分。如常用的 MP3 就是 MPEG 音频的应用。另外 VCD、SVCD 和 DVD 采用的也是 MPEG 技术，网络上常用的 MPEG-4 也采用了 MPEG 压缩技术。

3. MOV

MOV 格式是 Apple 公司开发的一种音频、视频文件格式，可跨平台使用，还可做成互动形式，在影视非线性编辑领域是常用的文件格式标准。用户可以选择压缩的算法，调节影片输出算法的压缩质量和帧率。

4. RM

RM 格式是 Real Networks 公司开发的视频文件格式，其特点是在数据传输过程中可以边下载边播放，实时性强，在 Internet 上有广泛的应用。

5. ASF

ASF（Advanced Streaming Format）格式是由 Microsoft 公司推出的高级流式文件格式，它是在 Internet 上实时播放的多媒体影像技术标准。ASF 支持回放，具有扩充媒体播放类型等功能，使用 MPEG-4 压缩算法，压缩率和图像的质量都很高。

6. FIC

FIC 格式是 Autodesk 公司推出的动画文件格式，它由早期 FLI 格式演变而来，是 8 位的动画文件，可任意设定尺寸的大小。

1.3.2 After Effects CS4 支持的图像文件格式

1. GIF

GIF（Graphics Interchange Format）格式是 CompuServe 公司开发的压缩 8 位图像的文件格式，支持图像透明的同时还采用无失真压缩技术，多用于网页制作和网络传输。

2. JPEG

JPEG（Joint Photographic Experts Group）格式是从静止图像压缩编码技术形成的一类图像文件格式，是目前网络上应用最广的图像格式，支持不同程度的压缩比。

3. BMP

BMP 格式最初是 Windows 操作系统的画笔所使用的图像格式，现在已经被多种图形图像处理软件所支持、使用。它是位图格式，并有单色位图、16 色位图、256 色位图和 24 位真彩色位图等。

4. PSD

PSD 格式是 Adobe 公司开发的图像处理软件 Photoshop 所使用的图像格式，它能保留 Photoshop 制作过程中各图层的图像信息，越来越多的图像处理软件开始支持这种文件格式。

5. FLM

FLM 格式是 Premiere 输出的一种图像格式。Adobe Premiere 将视频片段输出成序列帧图像，每帧的左下角为时间码，以 SMPTE 时间码标准显示，右下角为帧编号，可以在 Photoshop 软件中对其进行处理。

6. TGA

TGA 格式是由 Truevision 公司开发的用来存储彩色图像的文件格式。TGA 格式主要用于计算机生成的数字图像向电视图像的转换。TGA 文件格式被国际上的图形、图像制作工业所广泛接受，成为数字化图像、光线跟踪和其他应用程序所产生的高质量图像的常用格式。TGA 文件的 32 位真彩色格式在多媒体领域有着很大的影响，32 位真彩色拥有通道信息。

7. TIFF

TIFF（Tag Image File Format）格式是 Aldus 和 Microsoft 公司为扫描仪和台式计算机出版软件开发的图像文件格式。它定义了黑白图像、灰度图像和彩色图像的存储格式，格式可长可短，与操作系统平台及软件无关，扩展性好。

8. WMF

WMF（Windows Meta File）格式是 Windows 图像文件格式，与其他位图格式有着本质的区别，它和 CGM、DXF 类似，是一种以矢量格式存放的文件。矢量图在编辑时可以无限缩放而不影响分辨率。

9. DXF

DXF（Drawing-Exchange Files）格式是 Autodesk 公司的 AutoCAD 软件所使用的图像文件格式。

10. PIC

PIC（Quick Draw Picture Format）格式用于 Macintosh Quick Draw 图像格式。

11. PCX

PCX（PC Paintbrush Images）格式是 Z-soft 公司为存储画笔软件产生的图像而建立的图像文件格式，是位图文件的标准格式，也是一种基于 PC 绘图程序的专用格式。

12. EPS

EPS（Encapsulated PostScript）封装式语言文件格式可包含矢量和位图图形，几乎支持所有的图形和页面排版程序。EPS 格式用于在应用程序间传输 PostScript 语言图稿。在 Photoshop 中打开其他程序创建的包含矢量图形的 EPS 文件时，Photoshop 会对此文件进行栅格化，将矢量图形转换为像素。EPS 格式支持多种颜色模式，但不支持 Alpha 通道。

13. SGI

SGI（SGI Sequence）输出的是基于 SGI 平台的文件格式，可以用于 After Effects 与其 SGI 上的高端产品间的文件交互。

14. RLA/RPF

RLA/RPF 格式是一种可以包括三维信息的文件格式，通常用于三维软件在特效合成软件中的后期合成。该格式可以包括对象的 ID 信息、Z 轴信息和法线信息等。RPF 相对于 RLA 来说，可以包含更多的信息，是一种较先进的文件格式。

1.3.3 After Effects CS4 支持的音频文件格式

1. MID

MID 数字合成音乐文件，文件小，易编辑，每分钟的 MID 音乐文件大约为 5～10KB。MID 文件主要用于制作电子贺卡、网页和游戏的背景音乐等，其支持数字合成器，可与其他设备交换数据。

2. WAV

WAV 是微软推出的具有较高音质的声音文件，因为它未经过压缩，所以文件所占容量较大，大约每分钟的音频需要 10MB 的存储空间。WAV 是刻入 CD-R 之前存储在硬盘上的格式文件。

3. RealAudio

RealAudio 是 Progressive Network 公司推出的文件格式，由于 Real 格式的音频文件压缩比大、音质高、便于网络传输，因此许多音乐网站都会提供 Real 格式试听版本。

4. AIF

AIF（Audio Interchange File Format）是 Apple 公司和 SGI 公司推出的音频互换文件格式。

5. VOC

VOC 是 Creative Labs 公司开发的声音文件格式，多用于保存 Creative Sound Blaster 系列声卡所采集的声音数据，被 Windows 平台和 DOS 平台所支持。

6. VQF

VQF 是由 NTT 和 Yamaha 共同开发的一种音频压缩技术，音频压缩率比标准的 MPEG 音频压缩率高出近一倍。

7. MP1、MP2、MP3

MP1、MP2、MP3 指的是 MPEG 压缩标准中的声音部分，即 MPEG 音频层。根据压缩质量和编码复杂程度的不同，将其分为 3 层即 MP1、MP2 和 MP3。MP1 和 MP2 的压缩率分别为 4:1 和 6:1，而 MP3 的压缩率则高达 10:1。MP3 具有较高的压缩比，压缩后的文件在回放时能够达到比较接近原音源的声音效果。

1.4 After Effects CS4 界面初始化设置

After Effects CS4 涉及的范围广泛，可以处理的视频格式多种多样，在初次运行软件和每次处理不同工作项目时，首先要做的工作就是初始化设置，也就是要将软件默认的一些参数设置修改至符合当前工作需求的设置，具体操作如下。

① 启动 After Effects CS4，鼠标单击 Edit（编辑）>Templates（模板）>Render Settings Templates（渲染设置模板）命令，在弹出的 Render Settings Templates（渲染设置）对话框中，Defaults 选项组控制输出质量，如图 1-4-1 所示。

② 单击 Settings 选项组中的 Edit（编辑）按钮。弹出 Render Settings（输出渲染设置）对话框，如图 1-4-2 所示，设置有关 Field Render 参数（"场"的信息）。如果制作的视频要在电视上播出，必须要带有"场"的信息。

③ 鼠标单击 Edit（编辑）> Preferences（参数设置）>General（一般设置）命令，弹出 Preferences（参数设置）对话框，如图 1-4-3 所示。此对话框是用于对 After Effects CS4 的基本参数的设置。

④ 鼠标单击 Import（导入）项，在 Sequence Footage（序列脚本）中将输出序列帧数 30 改为 25，以符合 PAL 制标准。单击右侧 Next 按钮或直接单击左侧菜单选项，即可进入下一项设置，如图 1-4-4 所示。

第 1 章 After Effects CS4 基础

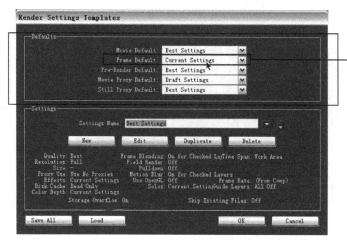

该项设置会影响到输出单帧画面的质量，其默认值是"Current Settings"，该项设置输出单帧画面的质量为工作界面中当前的画面质量

图 1-4-1 渲染设置对话框

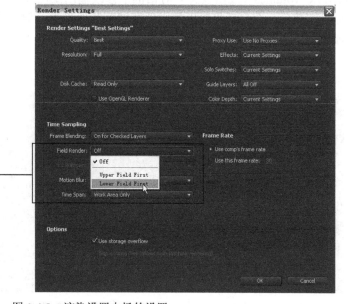

选择"Upper"或者"Lower"都可以，但是必须要保证整个片子中每个镜头的场的设置一致

图 1-4-2 渲染设置中场的设置

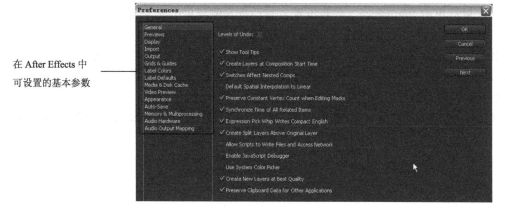

在 After Effects 中可设置的基本参数

图 1-4-3 参数设置对话框

图 1-4-4 导入参数设置

⑤ 鼠标单击 Preference（参数设置）对话框左侧菜单中的 Output（输出）项，在 Overflow Volumes（溢出设置）对话框中修改输出溢出设置。在渲染序列格式的文件时，原目标盘满载后，会自动将输出的文件存储到其他盘中，但渲染 AVI、MOV 等媒体格式时，该项设置不起作用。该项可设置除系统盘、光盘、软驱以外的硬盘，如图 1-4-5 所示。

图 1-4-5 输出参数设置

⑥ 鼠标单击 Preference（参数设置）对话框左侧菜单中的 Media&Disk Cache 项，选中 Disk Cache 栏中的 Enable Disk Cache 复选框，在弹出的对话框中选择硬盘的位置用以设置虚拟缓存，如图 1-4-6 所示。After Effects CS4 的内存要求最小 2G，内存越大运算的效率越高，而虚拟缓存的设置可以提高运算的效率。虚拟缓存可以根据硬盘空间的情况选择，为方便统一管理可以建立一个新的文件夹。

⑦ 鼠标单击 Preference（参数设置）对话框左侧菜单中的 Memory&Multiprocessing 选项，在 System 一栏中可以设定内存使用分配，如图 1-4-7 所示。

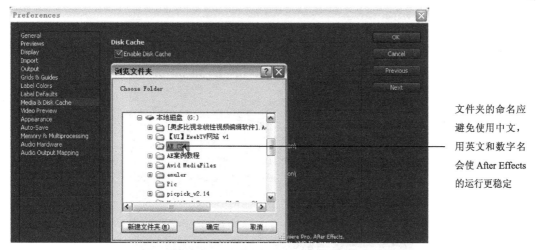

图 1-4-6　虚拟缓存参数的设置

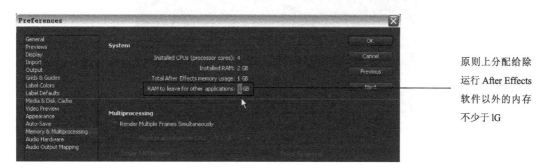

图 1-4-7　内存分配参数设置

1.5　After Effects CS4 项目设置

在使用 After Effects CS4 前，除了对软件进行初始化设置外，在每次工作前还要根据工作需要对项目进行一些常规性的设置。项目（Project）通常称为工程，After Effects 的项目记录着工作中使用的素材、层、效果等所有信息。按 Ctrl+S 组合键可以存储项目文件，项目文件的扩展名为"aep"。

鼠标单击菜单中的 File（文件）>Project Settings（项目设置）命令，弹出项目设置窗口，如图 1-5-1 所示。

（1）Display Style 栏对制作节目所使用的时间基准进行设置

◎ Timecode Base 下拉列表决定时间基准，即每秒含有的帧数。按我国电视的标准，需将它调整为 25fps，即每秒 25 帧。

◎ Frame 表明以帧为单位进行工作。

◎ Feet+Frames 是一般的胶片格式，一英尺半的胶片放映时长为 1 秒左右。一般情况下，电影胶片选 24fps，PAL 或 SECAM 制视频选 25fps，NTSC 制视频选择 30fps。

Start Numbering Framesat 仅在 Frame 或 Feet+Frames 方式下有效，表示计时的起始时间，数值框中输入的数值为时间显示基数，通常将其设置为 0。

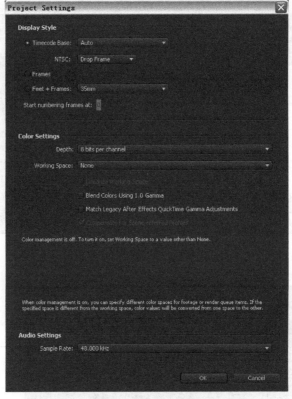

图 1-5-1 项目设置窗口

（2）Color Settings 栏

◎ **Depth** 选项可以对项目使用的颜色深度进行设置。一般的制作，8bit 的色彩深度就可以满足要求。当有更高的画面要求时，如制作电影或者高清影片，可以选择 16bit 或 32bit 色深度。在 16bit 色深度项目下，导入 16bit 图像进行高质量的影像处理，会让画面保持很高的清晰度，这对处理电影胶片和高清晰度视频非常重要。若在 16bit 色深度项目下，导入 8bit 色深度的图像进行一些特效处理，会导致画面的一些细节的损失。

◎ **Audio Settings** 下拉列表设定合成中音频所使用的采样率，一般情况下使用 48kHz 采样。

 习题

1. 单选题

（1）关于 PAL 制的描述，错误的是_____。

　　A．PAL 制式的标准分辨率是 720×576px

　　B．PAL 制式的帧速率为 25fps

　　C．PAL 制式能克服 NTSC 制相位敏感造成色彩失真的问题

D．PAL 制式画面长宽比也分 16:9 和 4:3，长宽比为 4:3 的分辨率是 720×576px，长宽比 16:9 的分辨率 1024×576px

（2）关于高清晰度电视的说法，正确的是＿＿＿＿。

　　A．高清晰度电视只是对画面清晰度的描述，不涉及声音

　　B．高清晰度电视就是清晰度高的电视

　　C．高清晰度电视也有 NTSC 制和 PAL 制之分

　　D．高清晰度电视屏幕宽高比都是 16:9 的

2．问答题

After Effects 可应用在哪些领域？

3．操作题

对 After Effects CS4 进行界面初始化设置和项目设置。

第 2 章

After Effects 的基本操作流程

After Effects CS4 可应用于多个领域，包括影视广告、宣传片、专题片、影视剧、多媒体、栏目包装等，制作成品的播出平台和用途也不尽相同，但基本的工作流程相似。

本章是全书的基础章节，是学习其他章节的基础，在以后章节的学习中，会逐渐完善和丰富相应的知识结构。

> **学习内容**
>
> 本章着重介绍 After Effects CS4 的基本工作流程，以及流程中各环节的功能和作用。

> **学习目标**
>
> ● 建立起关于 After Effects CS4 基础知识结构和基本工作框架

2.1 素材文件的导入与管理

素材是 After Effects 中最基本的构成元素和操作对象。在 After Effects 中可导入的素材包括动态视音频文件、图片文件、图像序列文件、分层的 Photoshop 文件、Illustrator 文件、After Effects 工程中的合成、Adobe Premiere Pro 工程文件、Flash 输出的.swf 文件等。

2.1.1 素材的导入[1]

1. 导入视频或图片文件

在 Project（项目或工程）窗口空白处双击，打开 Import File（导入文件）对话框[2]，如

---

[1] 将素材导入 After Effects 工程中，并没有把素材复制到工程文件所在的文件夹内，而是采用参考链接（Reference Link）的方式将素材导入，使工程中的素材和硬盘中的素材建立一种链接，素材还在原来的文件夹内，这样大大节省了硬盘的空间。另外，在 After Effects 工程中对素材重命名或删除，并不影响硬盘中的素材。相反，如果硬盘中的素材被删除或移动到其他位置，After Effects 工程中的素材将无法显示，同时，文件名以斜体字显示。

[2] 打开 Import File（导入文件）对话框也可以使用鼠标单击 File（文件）>Import（导入）>File（文件）命令，或在 Project

图 2-1-1 所示。在对话框中指定文件路径，选择要导入的文件，单击"打开"按钮（也可在文件名上双击）即可。

2. 连续导入多个素材

鼠标单击 File（文件）>Import（导入）>Multiple File（多个文件）命令[1]，打开 Import Multiple Files（导入多个文件）对话框，如图 2-1-2 所示。在对话框中选择需要导入的文件，单击"打开"按扭。此时文件被导入，但 Import Multiple Files（导入多个文件）对话框不会关闭，还可以选择路径，继续导入其他文件。

图 2-1-1 Import File（导入文件）对话框

图 2-1-2 Import Multiple Files（导入多个文件）对话框

3. 使用拖曳的方式导入素材

文件也可以通过直接拖曳的方式添加到工程窗口中。在 Windows 系统资源管理器或 Adobe Bridge 中选择需要导入的素材文件或文件夹，将其直接拖曳到工程窗口中即可，如图 2-1-3 所示。

图 2-1-3 在 Windows 系统资源管理器中选择素材并拖曳到工程窗口中

（项目或工程）窗口空白处单击鼠标右键，在弹出的快捷菜单中选择 Import（导入）>File（文件）命令，还也可以使用组合键 Ctrl+I，打开 Import File（导入文件）对话框。

1 也可以在 Project（项目或工程）窗口空白处单击鼠标右键，在弹出的快捷菜单中，选择 Import（导入）> Multiple File（文件）命令，或者使用组合键 Ctrl+Alt+I，打开 Import Multiple Files（导入多个文件）对话框。

4. 导入序列文件

要导入的素材如果是序列文件，在打开 Import File（导入文件）对话框时需要勾选 Sequence（序列）复选项，如图 2-1-4 所示。如果只导入序列文件中的一部分，可以在勾选 Sequence 复选项后，选中需要导入的那部分，然后单击"打开"按钮即可。

图 2-1-4　选中序列选项，导入序列文件

5. 导入带有图层的文件

After Effects 可以保留含有图层文件中的层信息。由 Photoshop 生成的.psd 文件或由 Illustrator 生成的.ai 文件都带有图层信息，After Effects 在导入这一类文件时会保留原有的图层信息，便于在 After Effects 中调整和修改图层。After Effects 可以用两种方式导入带有图层的文件，一种是 Footage（片段），另一种是 Composition（合成），如图 2-1-5 所示。

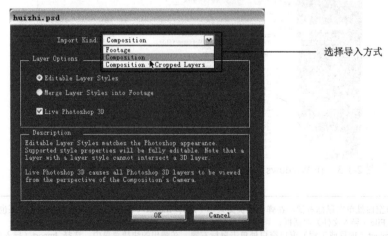

图 2-1-5　选择导入方式

(1) 选择 Composition（合成）方式导入素材作为标题，加版式

选择 Composition（合成）方式导入素材文件时，After Effects 将整个素材作为一个合成（Composition）导入，工程中新生成一个合成和一个包含素材各层文件的文件夹，原素材的图层信息得到最大限度地保留，如图 2-1-6 所示。

以此种方式导入可以在原有图层的基础上制作特效和动画。此外，采用合成的方式导入素材时还可以将图层样式（Layer Style）信息保留到素材中，如图 2-1-7 所示。

图 2-1-6　以合成（Composition）方式导入到工程中的.psd 文件

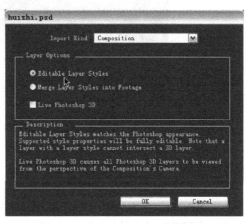

图 2-1-7　导入时保留图层样式信息

(2) 选择 Footage（片段）方式导入素材标题

选择 Footage（片段）方式导入素材时，选择 Merged Layer（合并图层），可以将原文件的所有层合并后再一起导入，也可以通过选择 Choose Layer（选择图层）来选定某些特定层作为素材导入，如图 2-1-8 所示。如果以 Choose Layer（选择图层）方式来导入文件，还可以选择导入素材的尺寸。

- ◎ Document Size（文件尺寸）选项以文件尺寸的大小导入。
- ◎ Layer Size（层尺寸）选项以层尺寸的大小导入。

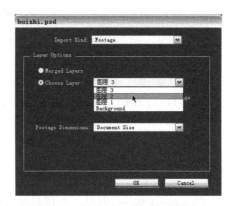

图 2-1-8　导入时，选择单独的图层

2.1.2 素材的管理

1. 使用文件夹管理素材

可以在 After Effects 的工程窗口中建立文件夹来管理素材，在工程窗口中建立的文件夹仅存在于该工程中，并不在磁盘中。

鼠标单击工程窗口下方的新建文件夹按钮，如图 2-1-9 所示，可在工程窗口中新建一个文件夹，对文件夹重新命名，用鼠标拖曳素材到文件

图 2-1-9　工程窗口下方的新建文件夹按钮

夹中，用文件夹来分类管理素材，如图 2-1-10 所示。

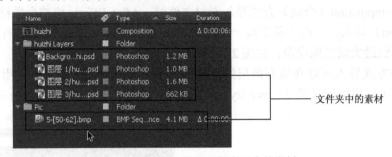

图 2-1-10　用文件夹管理工程窗口中的素材

也可以利用素材建立文件夹。选中要建立文件夹的素材，用鼠标拖动素材到工程窗口下方的新建文件夹按钮上。这样新建的文件夹里就包括了已选定的素材。

2．删除素材

（1）鼠标单击选中素材或合成图像后，可用以下的方法删除工程窗口中的素材。

◎　选择 Edit（编辑）>Clear（清除）命令。

◎　按下键盘上的 Delete 键或单击工程窗口下方的垃圾桶图标。

（2）选择 File（文件）>Remove Unused Footage（移除未被使用的素材）命令，可以将项目窗口中未使用的素材文件全部删除。

3．查找素材

图 2-1-11　工程窗口中的查找对话框

After Effects 提供了查找工具，可以非常方便地调用所需素材。

选择 File（文件）>Find（查找）命令，出现 Find（查找）对话框，如图 2-1-11 所示。在文本框中输入要查找的素材名称，即可完成查找。

2.2　创建合成

在 After Effects 中对一个项目进行编辑、处理前首先要建立一个合成（Composition）。在 Composition（合成）窗口中对素材进行编辑、加工、处理，最终输出，这个合成（Composition）就是将来输出的成品。合成以时间和层的概念进行工作，在合成中可以有任意多的层，并且合成之间还可以相互调用、相互嵌套，一个合成可以被当成另一个合成的图层使用。

在工程窗口中建立一个合成后，After Effects CS4 界面中会出现一个 Comp（合成）窗口和对应的 Timeline（时间线）窗口，如图 2-2-1 和 2-2-2 所示

Comp（合成）窗口可以做监视窗。在 Comp（合成）窗口中，可以对素材进行移动、缩放、旋转、建立遮罩等操作。

在 Timeline（时间线）窗口中可以执行为图层添加特效、调整图层参数、设置图层叠加方式等针对图层的操作。

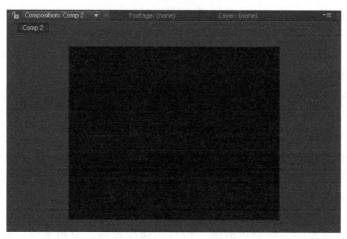

图 2-2-1 Comp（合成）窗口

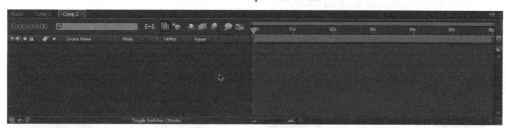

图 2-2-2 Timeline（时间线）窗口

创建合成的方法主要有以下 3 种：

◎ 鼠标单击 Composition（合成）>New Compositon（新建合成）命令。

◎ 在工程窗口中单击新建合成按钮，如图 2-2-3 所示。

◎ 使用组合键 Ctrl+N。

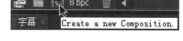

图 2-2-3 在工程窗口中的新建合成按钮

新建合成时，首先进入 Compositon Settings（合成设置）界面，如图 2-2-4 所示。

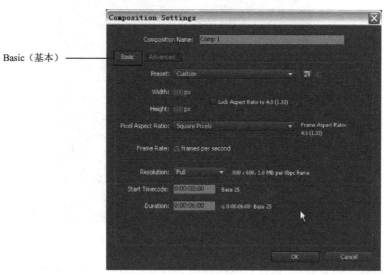

图 2-2-4 合成设置界面

界面中 Basic（基本）选项栏中的参数含义如下。
- ◎ Composition Name（合成名称）：设置合成的名称。
- ◎ Preset（预设）：选择系统预设的影片类型，也可以选择 Custom（自定义）选项来自定义设置。
- ◎ Width/Heigh（宽/高）：设置帧尺寸。如果勾选 Lock Aspect Ratio to 4:3（1.33）复选项，则锁定帧尺寸的宽高比，这时当调节 Width 或 Height 其中一个参数的时，另外一个参数也会按比例自动变化。
- ◎ Pixel Aspect Ratio（像素宽高比）：设置单个像素的宽高比例，可以在右侧的下拉菜单中选择预置的像素宽高比，如图 2-2-5 所示。
- ◎ Frame Rate（帧频）：设定每秒的帧数。
- ◎ Resolution（分辨率）：下拉列表中提供 4 种预置的分辨率，如图 2-2-6 所示。分辨率高，监视窗的画面会更清晰，但显示速度较慢。分辨率低，监视窗的画面会模糊，但会起到加速显示的作用。
- ◎ Start Timecode（开始时间码）：设置合成的开始时间码，默认情况下是从第 0 帧开始。
- ◎ Duration（持续）：设置合成的持续时间，即合成的总时间长度。

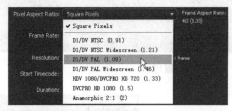 

图 2-2-5　选择像素宽高比　　　　　　　图 2-2-6　Resolution（分辨率）下的 4 种预设的分辨率

单击 Advanced（高级）选项栏，如图 2-2-7 所示，对合成进行高级设置，Advanced（高级）选项栏中的参数含义如下。

图 2-2-7　合成设置中的高级选项栏

- ◎ Anchor（轴心点）：设置合成图像的轴心点，当修改合成图像尺寸时，轴心点的位置决定了放大或缩小图像的范围。

- ◎ Rendering Plug-in（渲染引擎）：设置三维渲染的引擎，用户可以根据计算机显卡情况进行合理的设置。
- ◎ Preserve frame rate when nested or in render queue（在渲染序列或者嵌套合成时保持帧速率不变）：在进行喧染或嵌套合成时保持原合成的帧速率不变。
- ◎ Preserve resolution when nested（在嵌套合成时保持图像分辨率不变）：该选项可以在进行嵌套合成时保持原合成的图像分辨率不变。
- ◎ Shutter Angle（快门角度）：开启运动模糊设置后，快门速度可以影响到运动模糊的效果。
- ◎ Shutter Phase（快门相位）：控制运动模糊的方向。
- ◎ Samples Per Frame（帧采样率）：控制 3D 图层、形状图层（Shape Layer）或包含特定滤镜图层的运动模糊效果。
- ◎ Adaptive Sample Limit（自适应采样范围）：当 2D 图层运动模糊需要更多的帧采样率时，可增加该项的值来提高运动模糊的效果。

2.3 添加滤镜

在 After Effects 中，滤镜也称为特效。After Effects 自带上百个滤镜，将滤镜应用到图层中可以产生各种各样的效果，如改变视频的颜色，对音频进行处理，对图像进行扭曲，制作动态字幕，以及创建各种过渡等都是通过滤镜来完成的。

After Effects 的所有滤镜都存放在安装路径下的 Adobe After Effects CS4\Support Files\Plug-ins 文件夹中。给 After Effects 安装新的滤镜，即安装插件，也是安装到这个文件夹内。在每次启动时，After Effects 会自动将 Plug-ins 文件夹中的所有滤镜添加到 Effect 菜单和 Effects&Presets 面板中。

2.3.1 添加滤镜的方法

常用的添加滤镜的方法有以下 7 种：

① 选中 Timeline（时间线）窗口中需要添加滤镜的图层，选择 Effect（特效）菜单中的相应命令即可，这种是最常规的添加滤镜的方法。

② 选中 Timeline（时间线）窗口中想添加滤镜的图层，单击鼠标右键，在弹出的快捷菜单中选择 Effect，然后选择相应的滤镜，如图 2-3-1 所示。

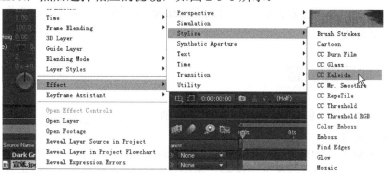

图 2-3-1　在右键快捷菜单中选择滤镜

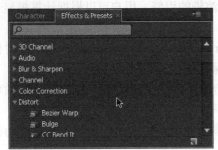

图 2-3-2　Effects&Presets（特效和预设）窗口

③ 鼠标单击 Windows>Effects&Presets 命令，调出 Effects&Presets（特效和预设）窗口，如图 2-3-2 所示。在 Effects&Presets 窗口中选择需要的滤镜，将其拖曳到 Timeline（时间线）窗口中的图层上，滤镜就被应用到了该图层上。

④ 选中 Timeline（时间线）窗口中需要添加滤镜的图层，然后双击 Effects&Presets 窗口中的滤镜，完成滤镜的添加。

⑤ 选中 Timeline（时间线）窗口中需要添加滤镜的图层，打开该图层的 Effects Controls（特效控制）面板，将 Effects&Presets 窗口中的滤镜拖曳到 Effects Controls（特效面板）中，完成滤镜的添加。

⑥ 选中 Timeline（时间线）窗口中需要添加滤镜的图层，打开该图层的 Effects Controls（特效控制）面板，在 Effects Controls 面板的空白区域单击鼠标右键，在弹出的快捷菜单中选择相应的滤镜，完成滤镜添加。

⑦ 在 Effects&Presets 窗口中选择需要使用的滤镜，将其拖曳到 Composition 预览窗口中的对象上，完成滤镜添加。

2.3.2　复制和删除滤镜

1．在同一图层中复制滤镜

在同一图层中复制滤镜，只需在 Effects Controls（特效控制）面板或 Timeline（时间线）窗口中，选择需要复制的滤镜名称，然后按组合键 Ctrl+D 即可。

2．在不同的图层间复制滤镜

在 Effects Controls（特效控制）面板或 Timeline（时间线）窗口中，选择需要复制的滤镜名称（可以多选），按组合键 Ctrl+C 对滤镜进行复制。在 Timeline（时间线）窗口中选择目标图层，按组合键 Ctrl+V，完成粘贴操作，实现滤镜的复制。

3．删除滤镜

在 Effects Controls（特效控制）面板或 Timeline（时间线）窗口中，选择需要删除的滤镜，按 Delete 键即可。

2.4　动画的设置

After Effects 中的动画有关键帧动画、驱动动画和表达式动画 3 种。
（1）关键帧动画
关键帧动画源于早期的手绘动画。手绘动画中，每一帧都是手工绘制，其中动作的关键部分，称为关键帧，由资深美术师绘制。当用计算机制作动画时，动画中关键位置的帧就是关键帧，由动画制作人员制作，相邻关键帧之间的帧由计算机自动生成。

（2）驱动动画

驱动动画指图层自身的属性没有记录动画，但是通过一些特殊的形式，被其他图层的动画属性驱动，从而形成动画。这种图层与图层之间的驱动关系在 After Effects 中被称为父子关系。

（3）表达式动画

表达式动画指通过输入一段能被 After Effects 识别的描述语句，驱动一个属性，形成动画。表达式动画有时候可以大量减轻制作人员的工作量，如让图层随机运动，图层透明度随机变化的动画，用表达式可以快速达到制作效果。

在三种动画类型中，关键帧动画在 After Effects 中是较基础、较常用的一种动画方式。关键帧动画主要针对的是关键帧，通过控制相邻关键帧的属性，完成动画的制作。

2.4.1 关键帧的添加

鼠标单击相应参数前的添加关键帧码表，如图 2-4-1 所示，即可在位置标尺处添加该属性的关键帧，如图 2-4-2 所示。改变相邻关键帧的参数即可完成动画的制作。

图 2-4-1　Scale 参数前的　　　　图 2-4-2　时间线位置标尺处出现关键帧
　　　　　添加关键帧码表

为了说明添加关键帧的方法，这里制作一个位移动画，具体操作如下。

① 启动 After Effects CS4 软件，选择菜单命令 Composition（合成）>New Composition（新合成），创建一个预置为 PAL Dl/DV 的合成，命名为"位移动画"，设置时间长度为 10 秒，如图 2-4-3 所示。

② 在 Project（项目或工程）窗口空白处双击，打开 Import File（导入文件）对话框。将"第 2 章/位移图片"文件导入，如图 2-4-4 所示。

图 2-4-3　新建一个名为"位移动画"的合成　　图 2-4-4　素材被添加到工程窗口中

③ 鼠标拖动素材"位移图片",将其添加到时间线面板中,此时的时间线窗口如图 2-4-5 所示,监视窗画面如图 2-4-6 所示。

图 2-4-5　时间线窗口中的"位移图片"层

图 2-4-6　素材"位移图片"在监视窗中的画面

④ 在时间线窗口中选中"位移图片"层,按快捷键 S 打开 Scale(大小/缩小)参数栏,设置参数为(35.0,35%),如图 2-4-7 所示。此时监视窗画面,如图 2-4-8 所示。

图 2-4-7　设置 Scale 参数值,调整图片的大小　　　　图 2-4-8　图片在监视窗中被缩小

⑤ 在时间线窗口中将位置标尺移动到最左侧,选中"位移图片"层,按快捷键 P 打开 Position(位置)参数栏。单击 Position 左侧的添加关键帧码表,在时间线 0 秒的位置添加关键帧,如图 2-4-9 所示。

图 2-4-9　在时间线起始点,给 Position 参数新建了一个关键帧

⑥ 鼠标在监视窗中移动"位移图片",设定起始关键帧处图片的位置,如图 2-4-10 所示。

⑦ 将时间线上的位置标尺移动到 4 秒处,调整监视窗中"位移图片"的位置,如图 2-4-11 所示,此时在时间线的位置标尺处自动生成了一个关键帧,记录下此时图片在监视窗中的位置[1],如图 2-4-12 所示。

图 2-4-10　起始关键帧处图片的位置

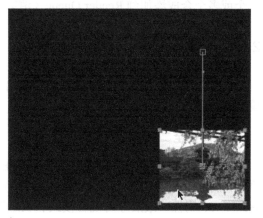
图 2-4-11　4 秒时图片的位置

图 2-4-12　在位置标尺处自动生成一个关键帧

⑧ 按小键盘上的 0 键,预览动画,可以看到图片由画面的右上角向右下角移动,生成位移动画。

2.4.2　关键帧的删除

选中需要删除的关键帧[2],按键盘上的 Delete 键即可删除关键帧。

2.5　渲染输出

合成制作完成后,最后的步骤就是渲染。在 After Effects 中进行渲染输出时,合成中每个层的蒙版(Mask)、滤镜和层属性都被逐帧渲染到一个或多个输出文件里。由于每个合成的帧的大小、质量、复杂程度和输出的压缩方法不同,输出影片花费的时间也可能不同。当把一个合成添加进渲染队列后,它处于等待渲染状态。开始渲染后,不能在 After Effects 中进行任何其他操作。

---

1 单击相应参数前的添加关键帧码表后,After Effects 会根据参数数值的变化自动创建关键帧。此时,只需要移动位置标尺的位置,然后调整参数的数值,After Effects 就会在位置标尺处,自动建立关键帧。

2 当关键帧被选中时,关键帧呈黄色,未被选中时呈灰色。

将合成项目渲染输出成视频文件、音频文件或文件序列等，有以下三种输出方法。
① 通过选择 File（文件）>Export（输出）菜单命令输出单个的合成项目。
② 通过选择 Composition（合成）>Make Movie 菜单命令，输出合成项目。
③ 通过选择 Composition（合成）>Add to Render Queue（添加到渲染队列）命令，将一个或多个合成添加到 Render Queue（渲染序列）中进行批量输出。

2.5.1 渲染顺序

合成渲染的顺序可以影响到最终的输出效果，理解 After Effects 的渲染顺序对制作出正确动画或特效有很大帮助。

1．渲染全二维图层的顺序

渲染全部二维图层合成的时候，After Effects 根据图层在 Timeline（时间线）窗口中排列的顺序由下至上进行渲染。对图层进行渲染时，首先渲染蒙版，再渲染滤镜，然后渲染 Transform 属性，最后才对混合模式和轨道遮罩进行渲染。在遇到多个滤镜和多个蒙版时，处理顺序是从上往下依次渲染。

2．渲染三维图层的顺序

渲染三维图层时，按照三维图层 Z 轴的远近顺序进行渲染，Z 轴位置最远的最先开始渲染，由远及近依次进行。

3．渲染二维图层与三维图层混合情况时的顺序

二维图层和三维图层混合的情况，首先从最下层往最上层渲染，当遇到三维图层时，连续的几个三维图层作为一个独立的组按照由远及近的渲染顺序进行渲染，处理完一组三维图层之后，再继续往上渲染二维图层，直到再次遇到三维图层并形成新的三维组，继续进行渲染。

4．渲染输出

当选择 Composition（合成）>Add to Render Queue（添加到渲染序列）命令来对合成渲染输出时，出现如图 2-5-1 所示的渲染队列（Render Queue）。在队列中有两项应该注意的设置：一个是渲染设置；另一个是输出模块设置。

图 2-5-1　渲染队列窗口

2.5.2 渲染设置

在渲染队列面板中，单击队列 Render Settings（渲染设置）右侧的 Best Settings（最佳设置）选项，如图 2-5-2 所示，弹出的渲染设置对话框，如图 2-5-3 所示。在该对画框中可以对渲染的质量、分辨率等进行相应的设置。

图 2-5-2　渲染队列中的 Best Settings（最佳设置）选项

图 2-5-3　渲染设置对话框

- ◎　Quality（质量）：设置合成的渲染质量，包括 Current Settings（当前设置）、Best（最佳）、Draft（草图）和 Wire frame（线框）模式。
- ◎　Resolution（分辨率）：设置像素采样质量，包括 Full（全质量）、Half（一半质量）、Third（1/3 质量）和 Quarter（1/4 质量）。
- ◎　Size（尺寸）：设置渲染影片的尺寸，尺寸在创建合成项目时已经设置完成。
- ◎　Disk Cache（磁盘缓存）：设置渲染缓存，可以勾选使用 OpenGL 渲染。
- ◎　Proxy Use（使用代理）：设置渲染时是否使用代理。
- ◎　Effects（特效）：设置渲染时是否渲染特效。
- ◎　Solo Switches（Solo 开关）：设置渲染时是否渲染 Solo 层。
- ◎　Guide Layers（引导层）：设置渲染时是否渲染引导层。

◎ Color Depth（颜色深度）：设置渲染项目的 Color Bit Depth（颜色位深度）。
◎ Frame Blending（帧混合）：控制渲染项目中所有层的帧混合设置。
◎ Field Render（场渲染）：控制渲染时场的顺序，包括 Upper Field First（上场优先）和 Lower Field First（下场优先）。
◎ Motion Blur（运动模糊）：控制渲染项目中所有层的运动模糊设置。
◎ Time Span（时间范围）：控制渲染项目的时间范围。在该项下拉列表中选 Custom（设定）选项时，弹出如图 2-5-4 所示对话框，可对输出范围进行设置。
◎ Use storage overflow（使用存储溢出）：设置当硬盘空间不够时，是否继续渲染。

图 2-5-4　设定输出时间范围对话框

2.5.3　输出模块设置

在渲染队列面板中，单击队列 Output Module（输出模块）右侧的 Lossless（无压缩）选项，如图 2-5-5 所示，弹出输出模块设置对话框，如图 2-5-6 所示，在该对画框中可以对视频和音频输出格式和压缩方式进行设置。

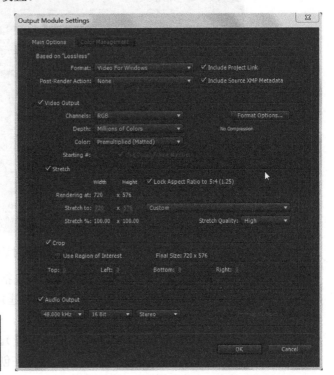

图 2-5-5　渲染队列中的 Lossless（无压缩）选项

图 2-5-6　输出模块设置对话框

◎ Format（格式）：设置输出文件的格式，选择不同的文件格式，系统会显示相应格式的设置。
◎ Post-Render Action（发送渲染动作）：可以设置是否使用渲染完成的文件作为素材

或者代理素材。
- ◎ Channels（通道）：设置输出的通道，其中包括 RGB、Alpha 和 Alpha+RGB。
- ◎ Format Options（格式选项）：设置视频编码的方式。
- ◎ Depth（深度）：设置颜色深度。
- ◎ Stretch 如（拉伸到）：设置画面是否进行拉伸处理。
- ◎ Crop（裁切）：设置是否裁切画面。
- ◎ Format Options（格式选项）：设置音频的编码方式。
- ◎ Audio Output（音频输出）：设置音频的质量，包括赫兹、比特、立体声或单声道。

2.5.4 输出路径设置

在渲染队列面板中，单击队列 Output To（输出到）右侧的文字，如图 2-5-7 所示，弹出 Output Movie To（输出影片到）对话框，如图 2-5-8 所示，在该对话框中可设定文件输出的位置和名称。

图 2-5-7　打开输出路径设置对话框

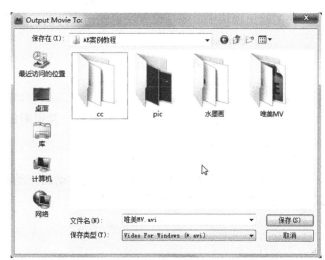

图 2-5-8　设定输出的路径和输出文件名称

习题

1．单选题

（1）下列关于导入的相关操作，错误的是_____。

　　A．使用组合键 Ctrl+Alt+I，能打开导入多个文件对话框，通过该对话框能导入多个文件

　　B．导入序列文件时，只要勾选 Sequence（序列）复选项，序列文件就会被一次性地导入

C. 在导入 Photoshop 生成的.psd 文件时，选择 Footage（片段）方式导入；选择 Merged Layer，可以将原文件的所有层合并后再一起导入

D. 导入素材并没有把素材复制到工程文件所在的文件夹内，而是与素材之间建立了参考链接（Reference Link）

（2）创建合成的组合键是_____。

    A. Ctrl+N   B. Ctrl+O   C. Ctrl+I   D. Ctrl+A

（3）Compositon Settings（合成设置）界面中，哪一项设置可锁定画面的宽高比？_____。

    A. Pixel Aspect Rate   B. Resolution

    C. Lock Aspect Ratio to 4∶3（1.33）   D. Frame Rate

（4）关于滤镜和动画的描述，不正确的是_____。

    A. 滤镜其实就是特效，改变视频的颜色，处理音频，扭曲画面都通过滤镜完成

    B. 软件的版本固定以后，滤镜的数量就固定了

    C. 相邻关键帧之间参数值不同，就会产生动画效果

    D. 动画的制作不一定使用关键帧

（5）输出模块中，哪项设置决定输出文件的扩展名？_____

    A. Format   B. Post-Render Action

    C. Format Options   D. Stretch

2．问答题

简述 After Effects CS4 的基本操作流程，并说明每个流程中还包括哪些操作。

3．操作题

要求制作一个图片由小到大逐渐放大的动画，动画的持续时间为 6 秒，输出成 avi 格式。（素材可选用"第 2 章/位移图片"）

第二篇

实 操 篇

- 动画的制作
- 文字特效的制作
- 颜色调整
- 三维与合成
- 常用快捷键列表
- 中英文菜单对照表

第 3 章

动画的制作

动画是 After Effects 的基本功能。动画制作的根本是使对象或图像的位置、不透明度、缩放或其他属性随着时间的变化而变化，从而使画面的内容随时间而发生变化。为拓展读者制作三维空间动画的思路，本章案例中还包含了三维摄影机的基本使用方法。

本章通过几个不同类型的典型案例介绍制作动画的基本技巧与方法。

学习目标

- 掌握使用关键帧制作动画的基本思路
- 理解利用遮罩生成动画的原理与技巧。
- 能运用简单的 After Effects 表达式制作动画。

3.1 闪动的星星效果的制作

学习要点

- 了解设置关键帧的基本思路和技巧
- 熟悉使用 After Effects CS4 最基本的缩放、透明和位置参数来制作动画的方法
- 掌握层和叠加的应用技巧

案例分析

本例主要应用 After Effect CS4 最基本的缩放和透明参数来制作动画，并通过多合成场景的应用来合成星星闪动的动画效果。本例的最终效果，如图 3-1-1 所示。

图 3-1-1　动画最终效果

操作流程

① 单击菜单栏中的 Composition（合成）>New Composition（新建合成）命令，打开 Composition（合成设置）对话框，设置 Composition Name（合成名称）为"闪动的星星"，Width（宽）为 720px，Height（高）为 576px，Preset（预置）为 PAL Dl/DV，Duration（持续时间）为 6 秒，如图 3-1-2 所示。

② 单击菜单栏中的 File（文件）>Import（导入）>File（文件）命令，或在 Project（项目）面板中双击打开 Import File（导入文件）对话框，选择"第 3 章/3.1 闪动的星星/星星.psd"、"星空背景.jpg"素材[1]，单击"打开"按钮，将"星星.psd"图片以合成的方式导入，如图 3-1-3 所示。

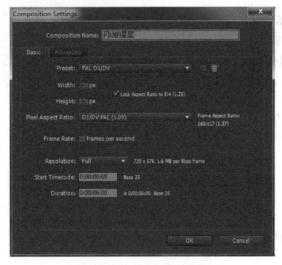
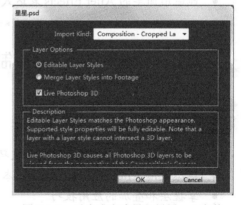

图 3-1-2　合成设置对话框　　　　　　图 3-1-3　以合成方式导入星星.psd 文件

③ 将"星星.psd"素材添加到时间线面板中，将素材的参数展开，设置 Scale（大小/缩放）的值为 100%，Opacity（不透明度）值为 100%。在 00:00:00:00 处设置关键帧，如图 3-1-4 所示。

---

[1] 配套素材文件可登录 www.hxedu.com.cn 下载，免费注册，输入书名或书号（5 位数字）可搜索。

图 3-1-4　设置缩放和不透明参数

④ 在时间码位置单击，或按 Alt+Shift+J 组合键打开"Go to Time（跳转到时间）"对话框，设置时间为 00:00:01:00，如图 3-1-5 所示，将位置标尺移动到 1 秒处。

⑤ 在 00:00:01:00 处，设置 Scale（大小/缩放）的值为 50%，Opacity（不透明度）的值为 50%，为缩放和不透明度设置关键帧，如图 3-1-6 所示。

图 3-1-5　设置跳转到 1 秒处

图 3-1-6　为缩放和不透明度参数设置关键帧

⑥ 拖动时间线上的位置标尺，播放动画，可以看到星星从大到小，从不透明到半透明的闪动过程，如图 3-1-7 所示。

⑦ 单击菜单栏中的 Composition（合成）>New Composition（新建合成）命令，打开 Composition Settings（合成设置）对话框，设置 Composition Name（合成名称）为"合成闪烁"，Width（宽）为 720px，Height 高为 576px，Preset（预置）为"PAL Dl/DV"，Duration（持续时间）为 6 秒，如图 3-1-8 所示。

图 3-1-7　星星闪动的动画效果

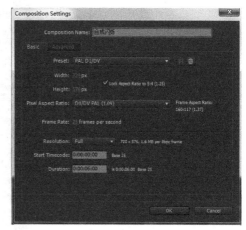

图 3-1-8　合成设置对话框

⑧ 将"闪动的星星"合成拖入"合成闪烁"的时间线面板中，将图层属性展开，设置 Position（位置）的值为（370，270），如图 3-1-9 所示。

图 3-1-9　设置图层的位置参数

⑨ 为了表现星空的效果，按 Ctrl+D 组合键，将"闪动的星星"素材进行多次复制，并调整图层起点的位置，如图 3-1-10 所示。

图 3-1-10　"合成闪烁"合成的时间线面板

⑩ 由于几个素材的位置相同，目前在合成窗口中只能看到一个星星的画面。选择各层的素材，改变 Position（位置）参数值，使下层的画面显示出来。也可在合成窗口中直接拖动来改变星星的位置，改变后的画面效果，如图 3-1-11 所示。

⑪ 单击菜单栏中的 Composition（合成）>New Composition（新建合成）命令，打开 Composition Settings（合成设置）对话框，设置 Composition Name（合成名称）为"最终动画"，Width（宽）为 720px，Height（高）为 576px，Preset（预置）为"PAL D1/DV"，Duration（持续时间）为 6 秒，如图 3-1-12 所示。

图 3-1-11　修改星星的位置

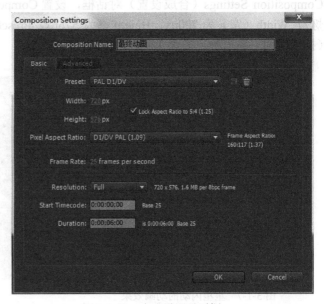

图 3-1-12　合成设置对话框

⑫ 将"合成闪烁"合成添加到"最终动画"合成的时间线面板中，如图 3-1-13 所示。

图 3-1-13 "合成闪烁"合成被添加到时间线面板中

⑬ 按 Ctrl+D 组合键,将"合成闪烁"层复制,将副本层起始位置移动到 00:00:00:13 处,并对其参数进行修改,设置 Scale(大小/缩放)的值为 50%,Rotation(旋转)的值为 75°,如图 3-1-14 所示。

图 3-1-14 修改参数并移动图层位置

⑭ 按 Ctrl+D 组合键,再次复制,将副本层起始点位置调整到 00:00:00:24 处,并对其位置和旋转参数进行修改,以配合场景的表现,修饰画面,修改后的参数如图 3-1-15 所示。

图 3-1-15 调整后的参数和图层移动后的位置

⑮ 播放动画,从合成窗口中可以看到图像跳动的画面效果,如图 3-1-16 所示。

图 3-1-16 星星闪动的画面效果

⑯ 将 Project(项目)窗口中的"背景.jpg"素材添加到"最终动画"合成的时间线面板中,将其放在所有图层的下方(如图 3-1-17 所示),作为背景,最终闪动的星星画面效果,如图 3-1-18 所示。

图 3-1-17 在时间线窗口中添加背景图片

图 3-1-18 闪动的星星画面效果

案例小结

本案例使用关键帧来制作动画，用图层嵌套来丰富、完善画面效果。

为了加深对动画的理解，这里我们扩展一下关键帧动画制作的相关知识：在 After Effects CS4 的关键帧动画中，至少需要两个关键帧才能产生作用，第 1 个关键帧表示动画的初始状态，第 2 个关键帧表示动画的结束状态，而中间的动态则由计算机通过插值计算得出。

知识拓展

在 After Effects CS4 中，还可以通过 Expression（表达式）来制作动画。表达式动画是通过程序语言来实现动画，它可以与关键帧结合，也可以完全脱离关键帧，由程序语言控制动画的全过程。

1. 激活关键帧

在 After Effects CS4 中，每个可以制作动画的图层参数前面都有一个"码表"按钮，单击该按钮，使其呈凹陷状态，就可以制作关键帧动画了。一旦激活"码表"按钮，在"时间线"窗口中的任何时间点改变参数值都将产生新的关键帧；关闭"码表"按钮后，设置的所有关键帧都将消失，而参数设置将保持当前时间的参数值。

2. 生成关键帧

生成关键帧的方法主要有两种：激活"码表"按钮（如图 3-1-19 所示）、制作动画曲线关键帧（如图 3-1-20 所示）。

图 3-1-19 激活"码表"按钮

第 3 章 动画的制作

图 3-1-20 制作动画曲线关键帧

3．关键帧导航器

当为图层参数设置第 1 个关键帧时，After Effects CS4 会显示出关键帧导航器。通过导航器可以方便地从一个关键帧快速跳转到上一个或下一个关键帧，同时也可通过关键帧导航器来设置和删除关键帧，如图 3-1-21 所示。

图 3-1-21 通过导航器进行关键帧操作

◀ （跳转到上一个关键帧）：单击该按钮可以跳转到上一个关键帧的位置，快捷键为 J 键。

▶ （跳转到下一个关键帧）：单击该按钮可以跳转到下一个关键帧的位置，快捷键为 K 键。

■ （添加或删除关键帧）：表示当前没有关键帧，单击该按钮可添加一个关键帧。

◆ （添加或删除关键帧）：表示当前存在关键帧，单击该按钮可删除当前选择的关键帧。

> **提示**
>
> 操作关键帧应注意的问题：
> ① 关键帧导航器是针对当前参数属性的关键帧导航，而 J 键和 K 键是针对画面上展示的所有关键帧进行导航。
> ② 在 Timeline 窗口中选择图层，按 U 键可以展开该图层中的所有关键帧属性，再次按 U 键将取消关键帧属性的显示。

4．编辑关键帧

（1）改变关键帧参数值

如果要调整关键帧的数值，可以在当前关键帧上双击鼠标左键，在弹出的对话框中调整相应的数值即可，如图 3-1-22 所示。另外，在当前关键帧上单击鼠标右键，在弹出的快捷菜单中选择 Edit Value（编辑数值）命令也可以调整关键帧数值。

图 3-1-22 调整关键帧数值

(2) 移动关键帧

选择关键帧后，按住鼠标左键的同时拖动关键帧就可以移动关键帧的位置。如果选择的是多个关键帧，在移动关键帧后，这些关键帧之间的相对位置将保持不变。

(3) 对一组关键帧进行时间整体缩放

同时选择 3 个以上的关键帧，在按住 Alt 键的同时使用鼠标左键拖曳第 1 个或最后 1 个关键帧，可以对这组关键帧进行整体时间缩放。

3.2 打开画轴效果的制作

学习要点

- 了解 After Effects 中应用遮罩的基本思路和技巧
- 熟悉遮罩描点的添加和移动的相关操作
- 掌握用遮罩形状制作动画的技巧

案例分析

下面利用修改遮罩[1]属性，制作一个画轴慢慢展开的动画。在制作该动画的过程中，学习遮罩锚点的添加和移动的操作，掌握通过遮罩形状变化制作动画的技巧。本案例的最终效果，如图 3-2-1 所示。

图 3-2-1　动画最终效果

操作流程

① 执行菜单栏中的 File（文件）>Import（导入）>File（文件）命令，或者按 Ctrl+I 组合键打开 Import File（导入文件）对话框，选择"第 3 章/3.2 打开的画轴/画轴.psd"文件。在 Import Kind（导入类型）右侧的下拉框中选择 Composition（合成）命令，如图 3-2-2 所示。

---

1 遮罩（Mask）是用于修改层 Alpha 通道的一个路径或者轮廓图。默认情况下，After Effects 层中的所有区域均采用 Alpha 通道合成。而对于运用了遮罩的层，只有遮罩内的图像显示在合成图像中。

② 单击 OK（确定）按钮，将素材导入到 Project（项目）面板中，导入后的素材效果如图 3-2-3 所示。Project 窗口中出现一个名字为"画轴"的合成文件和一个文件夹。

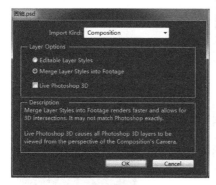

图 3-2-2 选择 Composition 方式导入

图 3-2-3 导入到工程窗口中的素材

③ 在 Project（项目）面板中，双击"画轴"合成文件，打开"画轴"合成。从合成监视窗中可以看到"画轴"合成的画面效果，如图 3-2-4 所示。

图 3-2-4 "画轴"合成的画面效果

④ 在 Timeline（时间线）面板中可以看到"画轴"合成文件所带的 3 个层，它们分别是"画面"、"画轴"和"梅花"，如图 3-2-5 所示。

图 3-2-5 "画轴"合成文件所带的 3 个层

⑤ 执行菜单中的 Composition（合成）>Composition Setting（合成设置）命令，打开 Composition Settings（合成设置）对话框，设置 Duration（持续时间）为 6 秒，修改合成的持续时间，如图 3-2-6 所示。

⑥ 在时间码位置单击，或者按 Alt+Shif+J 组合键打开 Go to Time（跳转到时间）对话框，输入时间为 00:00:00:00，如图 3-2-7 所示。

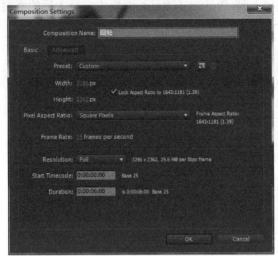

图 3-2-6　合成设置对话框

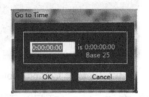

图 3-2-7　Go to Time 对话框

⑦ 在 Timeline（时间线）面板中，展开"画轴"层参数，单击 Position（位置）参数前的码表按钮，在时间线位置标尺处为 Position（位置）设置一个关键帧，如图 3-2-8 所示。

图 3-2-8　给 Position（位置）设置关键帧

⑧ 在时间码位置单击，或者按 Alt+Shif+J 组合键打开 Go to Time（跳转到时间）对话框，将时间线位置标尺调整到 00:00:06:00 的位置。在合成窗口中按住 Shift 键拖动画轴到画面的最左侧，系统将自动在该处创建关键帧，如图 3-2-9 所示。

图 3-2-9　移动画轴位置，设置关键帧

⑨ 拖动时间线上的位置标尺，预览画轴移动的效果，其中的几帧画面如图 3-2-10 所示。

图 3-2-10 画轴移动动画中的两帧画面

⑩ 将位置标尺定位在 00:00:00:00 处,在 Timeline(时间线)面板中,选择"画面"层,单击工具栏中的 Pen Tool(钢笔工具)按钮[1],使用钢笔工具在图像上绘制一个遮罩轮廓,如图 3-2-11 所示。

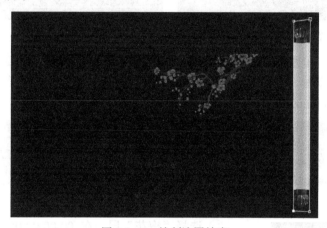

图 3-2-11 绘制遮罩轮廓

⑪ 展开"画面"层参数,在"Mask1"选项中,单击 Mask Path(遮罩路径)左侧的码表按钮,在位置标尺处添加一个关键帧,如图 3-2-12 所示。

图 3-2-12 在 00:P00:00:00 帧位置添加关键帧

⑫ 在 Composition(合成)窗口中,利用 Selection Tool(选择工具)选择锚点,调整

---

1 工具面板的钢笔工具可以绘制任何形状的遮罩,提供最为精确的形状控制。选中钢笔工具,在合成监视窗中单击可以产生一个控制点,在另一位置单击后,After Effects 将自动连接这两个控制点,通过单击位置控制绘制形状,最后再单击起始点,完成形状的绘制。

锚点位置，微调遮罩形状。在两个锚点中间的路径上，利用 Add Vertex Tool（添加锚点工具） 添加锚点，添加完锚点后的画面，如图 3-2-13 所示。

⑬ 将位置标尺调整到 00:00:06:00 位置，利用 Selection Tool（选择工具），将添加的锚点向左移动，直到出现完整的卷轴画面，如图 3-2-14 所示。

图 3-2-13　遮罩中出现第 5 个锚点　　　　　图 3-2-14　移动锚点的位置

⑭ 为了在开启画轴的过程中出现让梅花慢慢生长出来的效果，需要为梅花添加遮罩，并为遮罩形状设置动画。选择"梅花"图层，并向右拖动，将图层起始点移到梅花开始出现的位置，本例为 00:00:02:00 处，如图 3-2-15 所示。

图 3-2-15　移动梅花图层

⑮ 选择"梅花"层，在 00:00:02:00 处时，单击工具栏中的 Pen Tool（钢笔工具）按钮，使用钢笔工具在图像上绘制一个遮罩轮廓，如图 3-2-16 所示。

⑯ 在 Timeline（时间线）面板中，展开"梅花"层选项列表，单击 Mask Path（遮罩路径）左侧的码表按钮，在当前位置标尺处添加一个关键帧，如图 3-2-17 所示。

⑰ 将位置标尺调整到 00:00:03:00 处，在合成监视窗中，利用 Selection Tool（选择工具）选择锚点并进行位置调整，利用 Add Vertex Tool（添加锚点工具）添加锚点，调整后的效果，如图 3-2-18 所示。

图 3-2-16　为梅花绘制遮罩

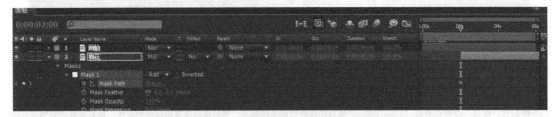

图 3-2-17　添加梅花的第一个遮罩关键帧

图 3-2-18　调整锚点后的效果

⑱ 将位置标尺调整到时间点为 00:00:04:00 和 00:00:05:00 处，通过锚点控制遮罩形状，制作梅花生长动画。调整完锚点的画面效果，如图 3-2-19、3-2-20 所示。

图 3-2-19　4 秒处的遮罩效果　　　　　　　图 3-2-20　5 秒处的遮罩效果

⑲ 预览梅花生长过程，此时梅花出现的效果比较生硬。调整遮罩的 Mask Feather（羽化值）[1]参数，将羽化值设为 15，如图 3-2-21 所示。

图 3-2-21　调整遮罩的羽化值

---

1 遮罩羽化可以柔化遮罩的边界，让遮罩形状的变化比较柔和。

⑳ 拖动时间线上的位置标尺，预览动画，也可以按小键盘上的 0 键预览最终动画效果。随着画面的展开，梅花逐渐绽放，如图 3-2-22 所示。

图 3-2-22　画轴打开的动画效果

 案例小结

此案例的知识重点是遮罩的添加与调整，通过对遮罩形状的控制，实现对画面显示区域的控制，形成特殊的动画效果。

在制作本案例的过程中需要注意的是：对于基本遮罩的制作应尽量少用锚点，因为过多的锚点应用会增大计算机的运算量，占用过多的系统资源，影响计算机的响应速度。严重的情况下可能会出现死机的现象，为制作合成带来不必要的麻烦。

 知识拓展

在影视后期制作中，还可利用遮罩动画来突出重点元素，这里介绍一种利用遮罩来突出画面重点区域的实例。

① 在 Project（项目）窗口中导入"第 3 章/遮罩动画/古籍.psd"文件，如图 3-2-23 所示。

② 按 Ctrl+N 组合键新建一个合成，将其命名为"遮罩动画"，相关参数设置如图 3-2-24 所示。

图 3-2-23　古籍素材画面　　　　　图 3-2-24　新建名为"遮罩动画"的合成

③ 将"古籍.psd"素材添加到 Timeline（时间线）窗口中，在"古籍.psd"图层上新建一个 Adjustment Layer（调节层），如图 3-2-25 所示。

④ 选择 Adjustment Layer（调节层），执行 Effect（滤镜）>Color Correction（颜色校正）>Exposure（曝光）命令，具体参数设置如图 3-2-26 所示。

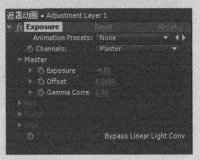

图 3-2-25 在时间线窗口中创建调节层　　　　图 3-2-26 Exposure 滤镜参数设置

⑤ 使用"矩形遮罩工具" 在调节层上绘制一个矩形遮罩，设置遮罩的混合模式为 Add（加法）模式，勾选 Inverted（反转）选项，具体参数设置如图 3-2-27 所示。合成监视窗画面如图 3-2-28 所示。

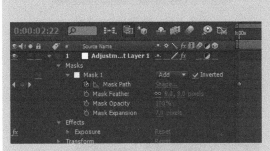

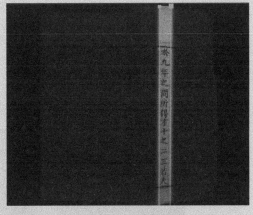

图 3-2-27 添加遮罩参数设置　　　　图 3-2-28 合成窗口中添加遮罩的效果

⑥ 展开 Mask Path（遮罩路径）属性，为 Mask Path 属性制作遮罩位移的关键帧动画，如图 3-2-29 所示，制作一个光线逐行移动的动画效果。

图 3-2-29 制作遮罩位移动画

⑦ 新建一个时间长为 5 秒，名称为"三维效果"的合成。将"遮罩动画"合成拖拽到"三维效果"合成中，选择"遮罩动画"图层，执行 Effect（滤镜）>Distort（扭曲）>Bezier Warp（贝塞尔变形）命令，具体参数设置如图 3-2-30 所示。合成监视窗画面如图 3-2-31 所示。

图 3-2-30 Bezier Warp 特效参数设置

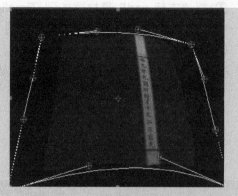
图 3-2-31 合成窗口中的效果

⑧ 按 Ctrl+Alt+Y 组合键创建一个调节层，将调节层放于"遮罩动画"合成顶部，如图 3-2-32 所示，为其添加一个 Shine（发光）滤镜，Shine（发光）滤镜具体参数设置如图 3-2-33 所示。

图 3-2-32 创建调节层

图 3-2-33 添加 Shine 滤镜

⑨ 添加文字图层，最终动画合成效果如图 3-2-34 所示。

图 3-2-34 合成后的动画画面效果

3.3 金光大道效果的制作

学习要点

- 介绍 After Effects CS4 中三维空间动画的制作方法
- 熟悉摄像机的原理，掌握创建并设置摄像机的方法

案例分析

本例应用 Camera（摄像机）命令创建一台摄像机，通过对摄像机属性设置控制摄像机位置，为摄像机制作动画，营造出镜头运动的画面效果。为了增强画面的表现力，本例使用 Light（灯光）命令增加画面层次感，用 Shine[1]（光）特效制作出流光效果。本例的最终效果，如图 3-3-1 所示。

图 3-3-1　金光大道效果图

 操作流程

① 执行菜单栏中的 Composition（合成）>New Composition（新建合成）命令，打开 Composition Settings（合成设置）对话框，设置 Composition Name（合成名称）为"金光大道"，Width（宽）为 360px，Height（高）为 288px，Frame Rate（帧率）为 25 帧，并设置 Duration（持续时间）为 5 秒，如图 3-3-2 所示。

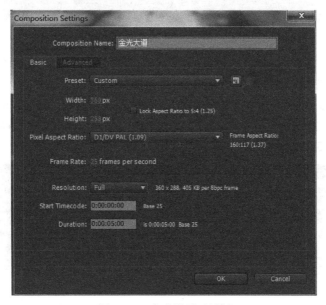

图 3-3-2　合成设置对话框

1　Shine 是 After Effects 插件中的一种，由 Trapcode 公司推出，该插件可以用来制作放射性光线。

② 执行菜单栏中的 File（文件）>Import（导入）>File（文件）命令，或在 Project（项目）面板中双击，打开 Import File（导入文件）对话框，选择"第 3 章/3.3 金光大道/大道.jpg"素材，单击"打开"按钮，将图片导入到项目中。

③ 在 Project（项目）窗口中选择"大道.jpg"素材，将其添加到时间线面板中，打开该层的三维属性，如图 3-3-3 所示。

图 3-3-3　时间线窗口中的"大道.jpg"层

④ 单击菜单栏中的 Layer（图层）>New（新建）>Camera（摄像机）命令[1]，打开 Camera Settings（摄像机设置）对话框，调整摄像机参数，如图 3-3-4 所示。

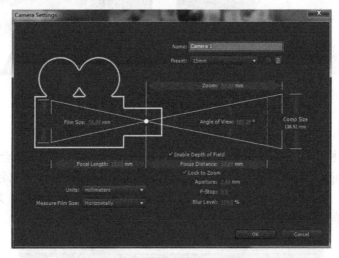

图 3-3-4　摄像机的相关设置

⑤ 在时间码位置单击，或者按 Alt+Shif+J 组合键打开 Go to Time（跳转到时间）对话框，把时间线的位置标尺设置在 00:00:00:00 的位置。

⑥ 在 Timeline（时间线）面板内展开 Camera1 层的参数，设置 Point of Interest（关注点）的值为（176，177，0），Position（位置）的值为（176，502，−146），并为这两个选项设置关键帧，如图 3-3-5 所示。

图 3-3-5　为摄像机参数设置关键帧

---

[1] 在 After Effects 中，常常需要运用一个或多个摄像机来创造空间场景，观看合成空间，摄像机工具不仅可以模拟真实摄像机的光学特性，还能摆脱真实摄像机受三脚架、重力等条件的制约，在空间中任意移动。

⑦ 按 End 键将位置标尺调整到时间线的末尾，设置 Point of Interest（关注点）的值为（176，–189，0），Position（位置）的值为（176，250，–146），如图 3-3-6 所示。

图 3-3-6　在尾帧处调整摄像机参数

⑧ 拖动时间线上的位置标尺，预览画面。由于摄像机的作用，图像产生推近的效果，如图 3-3-7 所示。

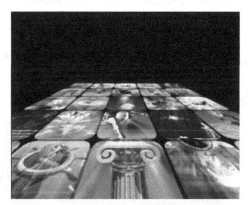 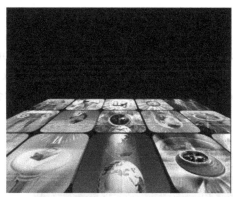

图 3-3-7　合成监视窗中镜头推进的效果

⑨ 单击菜单中的 Layer（图层）>New（新建）>Light（灯光）命令，打开 Light Settings（灯光设置）对话框，参数设置如图 3-3-8 所示。

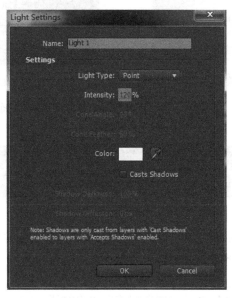

图 3-3-8　灯光设置对话框

⑩ 在时间线面板中展开 Light1（灯光）参数区，设置 Position（位置）的值为（180，58，–242），灯光 Intensity（亮度）的值为 120%，如图 3-3-9 所示。

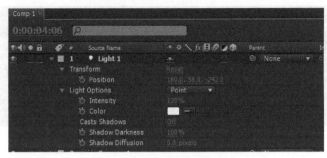

图 3-3-9 设置灯光参数

⑪ 此时从合成窗口中可以看到添加灯光后的图像效果已经产生了很好的层次感，合成窗口中的效果如图 3-3-10 所示。

⑫ 单击菜单栏中的 Composition（合成）>New Composition（新建合成）命令，打开 Composition（合成设置）对话框，设置 Composition Name（合成名称）为"光特效"，Width（宽）为 360px，Height（高）为 288px，Frame Rate（帧率）为 25 帧，并设置 Duration（持续时间）为 5 秒，创建一个新的合成文件，如图 3-3-11 所示。

图 3-3-10 合成图像效果

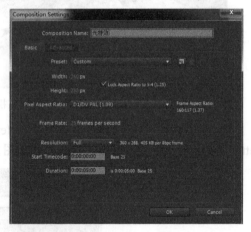

图 3-3-11 "光特效"合成的相关设置

⑬ 在 Project（项目）窗口中选择"金光大道"合成，将其添加到"光特效"的时间线面板中，如图 3-3-12 所示。

图 3-3-12 "光特效"的时间线面板

⑭ 在 Effect & Presets 特效面板中展开 Trapcode[1]特效前的三角，双击 Shine（光）特效命令，如图 3-3-13 所示，将特效应用给"金光大道"层。

---

1 Trapcode 是 After Effects 经典的特效插件，目前有八个产品，它们分别是：shine、starglow、3D stroke、soundkey、lux、particular、chospece。

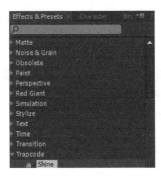

图 3-3-13　双击 Shine（光）特效

⑮ 在 Effect Control（特效控制）面板中设置 Shine（光）特效的参数。设置射线长度（Ray Length）为 6，放大光线（Boost Light）值为 2。展开着色（Colorize）的参数，为白色，Midtones（中间色）为浅绿色（R:136，G:255，B:135），阴影（Shadows）为深绿色（R:0，G:114，B:0）。设置过渡模式（Transfer Mode）为叠加（Add）。设置源点（Source Point）值为（176，265），并为该项设置关键帧，如图 3-3-14 所示。此时从合成窗口中可以看到添加光效后的效果，如图 3-3-15 所示。

图 3-3-14　光效参数设置　　　　　　图 3-3-15　添加光效后的效果

⑯ 按 End 键将时间线位置标尺调整到时间线结束帧，在 Effect Control（特效控制）面板中，修改源点（Source Point）的位置为（176，179），此时合成窗口中的效果，如图 3-3-16 所示。

⑰ 关键帧设置完成后，按小键盘上的 0 键预览动画效果，合成监视窗画面如图 3-3-17 所示。

图 3-3-16　合成监视窗中的图像效果　　　　图 3-3-17　金光大道效果

案例小结

此案例的知识重点是利用摄像机完成对画面三维效果的控制。在表现画面的层次感上，三维效果显然比二维效果更具有优势。需要注意的是，控制好摄像机并不是一个范例就可以掌握的内容，大家要在平时的练习中多实践、多总结，让视频画面的更真实、更自然。

知识拓展

下面介绍一种利用三维摄影机制作文字动画的实例。

① 按 Ctrl+N 组合键新建一个合成，如图 3-3-18 所示。

② 在合成中创建 5 个文字图层，然后输入相应的文字信息，开启这些文字图层的运动模糊和三维模式开关，让它们在三维空间上随机分布。将视图显示方式设置为 4Views-Left（4 视图一左）模式，如图 3-3-19 所示。

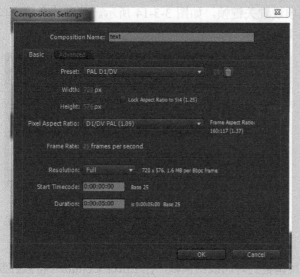

图 3-3-18　新建合成的相关设置　　　　　　图 3-3-19　设置视图显示方式

③ 在 1 秒 10 帧之后，为各文字图层制作文字随机飞出画面的关键帧动画，如图 3-3-20 所示。

图 3-3-20　制作文字飞出画面的关键帧动画

④ 新建一个与 text 合成参数相同的合成（命名为 Camera），将 text 合成添加到新建的 Camera 合成中，开启该图层的塌陷开关，按 Ctrl+Shift+Alt+C 组合键为合成添加一个摄影机图层，摄像机参数设置如图 3-3-21 所示。

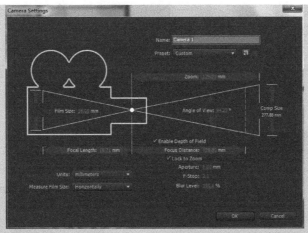

图 3-3-21 摄像机参数设置

⑤ 为合成添加两个虚拟背景图层，执行菜单栏中的 File（文件）>Import（导入）>File（文件）命令，或在 Project（项目）面板中双击，打开 Import File（导入文件）对话框，选择 "第 3 章/使用三维摄影机制作文字动画/ (Footage)/ adobe01 与 adobe02" 素材，单击"打开"按钮，将图片导入到项目中，如图 3-3-22 所示。并将这两个图层放置在最底层。

图 3-3-22 添加的背景素材

⑥ 开启虚拟背景的三维开关，设置好它们的 Position（位置）属性和 Rotation（旋转）属性，设置参数如图 3-3-23 所示。

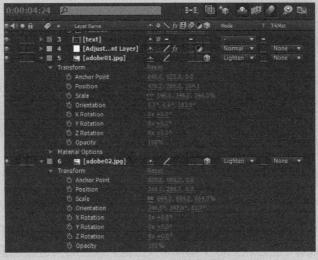

图 3-3-23 虚拟背景的参数设置

⑦ 按 Ctrl+Y 组合键，为合成添加一个黑色的固态层，命名为"背景"，如图 3-3-24 所示，并将其放于合成最底层。

⑧ 选中固态层，执行 Effect（特效）>Generate（生成）>Ramp（渐变）命令，为固态层添加深红色的渐变特效，Ramp（渐变）的参数设置如图 3-3-25 所示。

⑨ 将两个虚拟背景的叠加 Mode（模式）设置为 Lighten（变亮）模式，如图 3-3-26 所示。

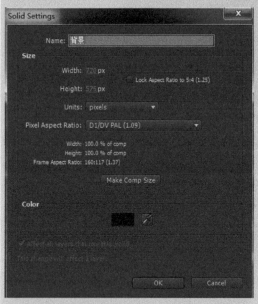

图 3-3-25　渐变参数设置

图 3-3-24　添加固态层　　　　　　　　图 3-3-26　背景叠加模式设置

⑩ 在两个虚拟背景层的上一层添加一个调节层，然后为该调节层添加一个 Glow（辉光）滤镜，使背景产生虚化效果，Glow（辉光）参数设置如图 3-3-27 所示。合成窗口中的效果，如图 3-3-28 所示。

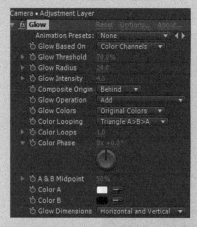

图 3-3-27　Glow（辉光）参数设置　　　　图 3-3-28　合成窗口中的效果

⑪ 在第 0:00:00:00 处、0:00:01:10 处、0:00:04:00 处和 0:00:04:24 时间点处制作摄影机的 Point of Interest（目标点）和 Position（位置）属性的关键帧动画，具体参数设置，如图 3-3-29 所示。

第 3 章　动画的制作

图 3-3-29　制作摄像机动画

⑫ 在第 4 帧之后再制作一个文字从外面飞入的动画，开启图层的运动模糊开关，最终画面效果如图 3-3-30 所示。

图 3-3-30　最终画面效果

3.4　招贴海报的制作

学习要点

- 掌握运用 After Effects CS4 制作综合、复杂动画的技巧
- 掌握给素材层添加位移、缩放等关键帧的方法
- 了解 After Effects CS4 特效插件的使用方法

案例分析

本例首先以合成的方式导入素材，给素材添加位移、缩放等关键帧命令；然后运用发光特效制作人物闪白效果，通过图层的三维属性开关进行关键帧设置；最后调整图层的顺序，制作出海报的动画效果。本例最终效果，如图3-4-1所示。

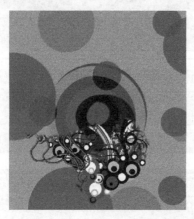 

图3-4-1 海报合成最终效果

 操作流程

① 选择菜单栏中的 Composition（合成）>New Composition（新建合成）命令，打开 Composition Settings（合成设置）对话框，设置 Composition Name（合成名称）为"海报"，Width（宽）为 720px，Height（高）为 785px，Frame Rate（帧率）为 25 帧，并设置 Duration（持续时间）为 12 秒，如图 3-4-2 所示。

② 选择菜单栏中的 File（文件）>Import（导入）>File（文件）命令，或在 Project（项目）面板中双击，打开 Import File（导入文件）对话框，选择"第 3 章/3.4 海报.psd"素材，在 Import Kind（导入类型）下拉列表中选择 Composition（合成）选项，将素材以合成方式导入，如图 3-4-3 所示。

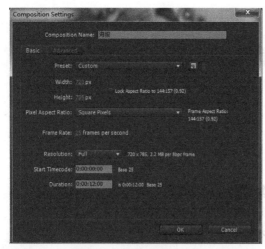 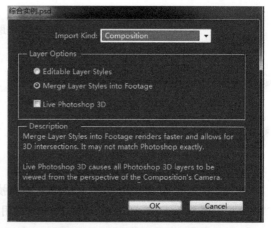

图3-4-2 合成设置对话框　　　　　图3-4-3 以合成方式导入素材

③ 双击进入"海报"合成，可以看到导入的.psd 图像的分层效果，如图 3-4-4 所示。

图 3-4-4　.psd 图像的分层效果

④ 为避免其他元素的影响，在"海报"合成中，选中彩环图层前面的 solo 按钮[1]隔离该图层进行单独显示。将时间线位置标尺调整到 00:00:00:00 的位置，按 S 键，打开 Scale（大小/缩放）选项，单击 Scale（大小/缩放）左侧的码表按钮，设置关键帧，设置 Scale（大小/缩放）的值为（0，0%）。将时间线位置标尺调整到 00:00:00:12 帧的位置，设置 Scale（大小/缩放）的值为（200，200%），系统会自动记录关键帧。将时间线位置标尺调整到 00:00:01:00 帧的位置，设置 Scale（大小/缩放）的值为（100，100%）。制作完成后的时间线窗口，如图 3-4-5 所示。

图 3-4-5　制作完成后的时间线窗口

⑤ 选中鲜花图层前面的 solo 按钮，隔离该图层进行单独显示。将时间线位置标尺调整到 00:00:00:00 的位置，单击工具栏中的 Pen Tool（钢笔工具）按钮，使用钢笔工具在图像上绘制一个遮罩轮廓，并设置关键帧，如图 3-4-6 所示。

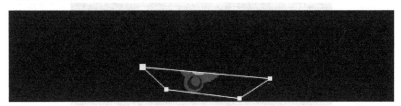

图 3-4-6　遮罩的绘制

⑥ 分别在 12 帧、1 秒、1 秒 12 帧、2 秒、2 秒 12 帧、3 秒、3 秒 12 帧、4 秒这 8 个时间点，利用 Selection Tool（选择工具）选择锚点并进行调整，完成遮罩的绘制，系统将自动在这些时间点上记录关键帧，同时设置遮罩的 Mask Feather（羽化）的值为 15，如图 3-4-7 所示。

---

1 当有多个图层叠加在一起时，单击按钮可以单独显示一个图层，以便排除其他图层的干扰。

图 3-4-7 为遮罩设置关键帧

⑦ 选中音符图层前面的 solo 按钮隔离该图层进行单独显示。将时间调整到 00:00:00:00 的位置，给 Scale（大小/缩放）和 Rotation（旋转）参数设置关键帧。设置 Scale（大小/缩放）的值为（0，0%），Rotation（旋转）的值为 0。将时间线位置标尺移动到 00:00:00:12 的位置，设置 Scale（大小/缩放）的值为（30，30%），Rotation（旋转）的值为 1。将时间线位置标尺移动到 00:00:01:00 的位置，设置 Scale（大小/缩放）的值为（60，60），Rotation（旋转）的值为 2。将时间线位置标尺移动到 00:00:01:12 的位置，设置 Scale（大小/缩放）的值为（100，100%），Rotation（旋转）的值为 3，如图 3-4-8 所示。

图 3-4-8 音符图层关键帧的设置

⑧ 选中文字图层前面的 solo 按钮隔离该图层进行单独显示，将时间线位置标尺移动到 00:00:00:00 的位置，选择（定位点工具）[1]，将图层的中心点调整到文字的中间位置，如图 3-4-9 所示。

图 3-4-9 调整文字图层的中心点

⑨ 取消 Scale 后面的比例锁定功能，这时长宽可以单独调整。在 0 秒、12 帧、1 秒三个时间点，设置 Scale 参数的关键帧为（0，0%），(30，15%)，(100，100%)，如图 3-4-10 所示。

---

1 Pan Behind Tool（定位点工具）可以调整图层的中心点位置，默认中心点为图层的中心位置。

第 3 章　动画的制作

图 3-4-10　文字图层关键帧设置

⑩ 单击音箱图层，选择 工具，调整图片中心点的位置，将图层的中心点调整到音箱底部的位置，如图 3-4-11 所示。

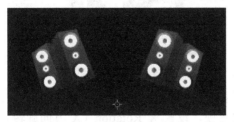

图 3-4-11　调整音箱的中心点

⑪ 选中音箱层的 Scale 属性，在 0 秒、12 帧、1 秒三个时间点，设置 Scale 参数的关键帧为（45，45%）,（130，130%）,（100，100%），如图 3-4-12 所示。

图 3-4-12　音箱层关键帧设置

⑫ 选中音箱层 12 帧处的关键帧，单击鼠标右键，在弹出的快捷菜单中选择 Keyframe Assistant[1]>Easy Ease 重新设置进入和离开关键帧的速率，使动画更加流畅、自然，如图 3-4-13 所示。

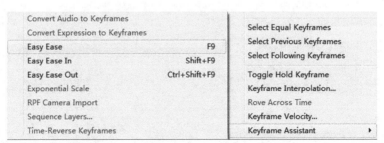

图 3-4-13　关键帧速率的修改

⑬ 单击乐队图层，选择工具，将图层的中心点调整到乐队图层的底部，如图 3-4-14 所示。

---

[1] Keyframe Assistant 是关键帧助手，主要用于改变关键帧的速率。

图 3-4-14 调整图层中心点位置

⑭ 打开该图层的 3D 开关，图层可以进行三维属性的设置。在 0 秒处，给 X Rotation（X 方向旋转）参数设置关键帧，设置 X Rotation（X 方向旋转）的关键帧值为（0，-90），在 1 秒处，设置 X Rotation 的关键帧值为（0×，+0.0°），如图 3-4-15 所示。

图 3-4-15 乐队图层 X Rotation 的关键帧设置

⑮ 选中"光晕"层，在 0 帧处给 Scale 属性设置关键帧，设置 Scale 属性值为（0，0%）；在 1 秒处，设置 Scale 属性值为（200，200%），如图 3-4-16 所示。

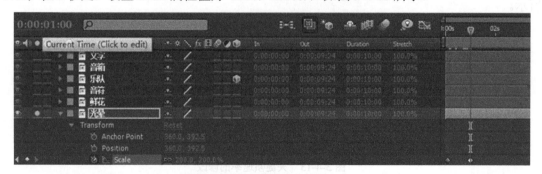

图 3-4-16 光晕层的关键帧设置

⑯ 调整图层的出现顺序。拖动图层，设置各个图层出现的先后次序，确保每个元素配合节奏，在恰当的时间出现。调整后的图层次序如图 3-4-17 所示。至此，招贴海报制作完成。

图 3-4-17 调整各图层的出现次序

 案例小结

此案例重点让读者体会 After Effects CS4 合成功能的应用，多个元素、多层合成离不开相关属性的设置。

 知识拓展

这里介绍 After Effects CS4 常用的层属性参数。

1．Position（位置）属性

Position（位置）属性主要用来制作图层的位移动画（展开 Position 属性的快捷键为 P 键）。普通的二维图层包括 X 轴和 Y 轴两个参数，三维图层包括 X 轴、Y 轴和 Z 轴 3 个参数。

2．Scale（大小/缩放）属性

Scale（大小/缩放）属性可以以轴心点为基准来改变图层的大小（展开 Scale 属性的快捷键为 S 键）。普通二维图层的缩放属性由 X 轴和 Y 轴两个参数组成，三维图层包括 X 轴、Y 轴和 Z 轴 3 个参数。在缩放图层时，可以开启图层缩放属性前面的"锁定缩放"按钮，这样可以进行等比例缩放操作。

3．Rotation（旋转）属性

Rotation（旋转）属性以轴心点为基准旋转图层（展开 Rotation 属性的快捷键为 R 键），普通二维图层的旋转属性由"圈数"和"度数"两个参数组成，如 1× +45°就表示旋转了 1 圈又 45°。如果当前图层是三维图层，那么该图层有 4 个旋转属性，分别是 Orientation（方向）、X Rotation（X 方向旋转）、Y Rotation（Y 方向旋转）和 Z Rotation（Z 方向旋转），其中 Orientation（方向）可同时设定 X、Y、Z 三个轴的方向。

4．Anchor Point（轴心点）属性

图层的位置、旋转和缩放都是基于一个点来操作的，这个点就是 Anchor Point（轴心点），展开 Anchor Point（轴心点）属性的快捷键为 A 键。当进行位移、旋转或缩放操作时，轴心点的位置不同得到的视觉效果也不同。

5. Opacity（不透明度）属性

Opacity（不透明度）属性以百分比的方式来调整图层的透明度，展开 Opacity（不透明度）属性的快捷键为 T 键。

3.5 手写字效果的制作

学习要点

- 掌握矢量绘图工具的操作技巧
- 掌握仿制图章工具的操作技巧

案例分析

手写字（书法效果）效果是经常用到的影视特效，实现该特效的方式有很多，After Effect CS4 可以轻松地实现流畅的手写字效果。制作过程中需要使用矢量绘图工具，配合用关键帧控制各个笔画的速度，来自由调节手写字的出现方式。手写字效果如图 3-5-1 所示。

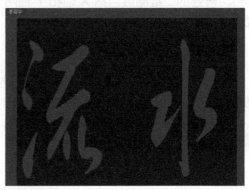

图 3-5-1 手写字效果

操作流程

① 创建一个预置为 PAL Dl/DV 的合成，命名为"手写字"，Duration（设置时间长度）为 5 秒，分辨率设为 720×576，具体参数设置如图 3-5-2 所示。

② 鼠标选择工具栏中 T 工具，在合成监视窗中单击，新建文字层。给该层命名为"文字层"，在文字层中输入"流水"二字，如图 3-5-3 所示。

③ 在 Character（文字）属性面板中，设置文字字体为"方正黄草简体"，字体大小为 100px，字间距为 52px，颜色设置为 RGB（124，88，6），如图 3-5-4 所示。

④ 鼠标单击文字层，按 Ctrl+D 组合键 4 次，制作 4 个文字层的副本，如图 3-5-5 所示。

第 3 章　动画的制作

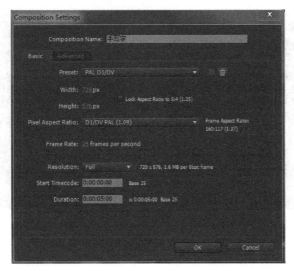

图 3-5-2　新建一个名为"手写字"的合成

图 3-5-3　在文字层上输入文字

图 3-5-4　文字属性设置

图 3-5-5　文字层和它的副本

⑤ 选中最上层"文字层 5",在合成窗口中用 钢笔工具勾出范围[1],定义出该层所包含的区域,如图 3-5-6 所示。

⑥ 选中"文字层 4",在合成窗口中用 钢笔工具勾出第 2 个笔画的范围[2],如图 3-5-7 所示。

⑦ 选中"文字层 3",在合成窗口中用 钢笔工具勾出第 3 个笔画的范围,如图 3-5-8 所示。

---

1 为保证每个图层绘制范围的正确性,在绘制时,无关图层可以用图层锁定功能加锁,以免绘制到无关图层。
2 对于汉字手写效果,一个特别值得注意的问题是交叉笔画之间的遮罩勾画应十分仔细,避免遮罩覆盖相邻的笔画,否则会使最后书写的顺序混乱,整个动画过程不干净。因为遮罩的建立和修改需十分仔细,中途应该反复地通过内存预览,观察最后的效果,如果有了偏差,应该删除关键帧重新制作遮罩。

图 3-5-6 "文字层 5"勾出的范围　　　　图 3-5-7 "文字层 4"勾选出的范围

⑧ 选中"文字层 2",在合成窗口中用 钢笔工具勾出第 4 个笔画的范围,如图 3-5-9 所示。

图 3-5-8 "文字层 3"勾选出的范围　　　　图 3-5-9 "文字层 2"勾选出的范围

⑨ 选择"文字层 5",选择菜单命令 Effect(效果)>Paint(绘图)>Vector Paint(矢量绘图),添加矢量特效,如图 3-5-10 所示。

⑩ 在特效控制面板中展开 Brush(画笔)设置,将 Radius(半径)设置为 20,Playback Mode(播放模式)选择 Animate Strokes(动画描边),Playback Speed(播放速度)设置为 8,如图 3-5-11 所示。

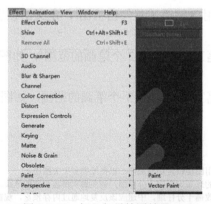

图 3-5-10 加入矢量绘图效果　　　　图 3-5-11 特效面板中的参数设置

⑪ 选中"矢量绘图"特效，在窗口中，按照书写的笔画顺序绘制用钢笔工具勾画出的部分，如图3-5-12所示。

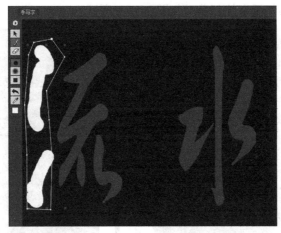

图3-5-12 "文字层5"绘制后的效果

⑫ 将矢量绘图特效中的 Composite Paint（合成绘图）选为 As Matte（作为蒙版），以便预览绘制效果。

⑬ 选择"文字层4"，选择菜单命令 Effect（效果）>Paint（绘图）>Vector Paint（矢量绘图），添加矢量特效。在特效控制面板中展开 Brush（画笔）设置，将 Radius（半径）设置为 20，Playback Mode（播放模式）选择 Animate Strokes（动画描边），Playback Speed（播放速度）设置为 12，选中"矢量绘图"特效，在窗口中，按照书写的笔画顺序绘制用钢笔工具勾画出的部分，如图3-5-13所示。

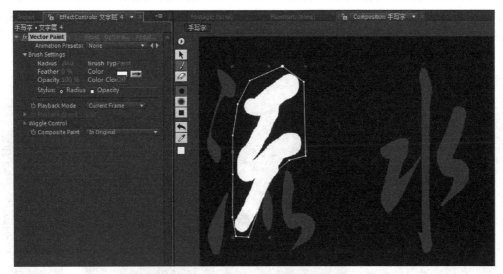

图3-5-13 "文字层4"绘制后的效果

⑭ 将矢量绘图特效中的 Composite Paint（合成绘图）选为 As Matte（作为蒙版），以便预览到绘制效果。

⑮ 选择"文字层3"，选择菜单命令 Effect（效果）>Paint（绘图）>Vector Paint（矢量绘图），给"文字层3"添加矢量特效。在特效控制面板中展开 Brush（画笔）设置，将

Radius（半径）设置为 20，Playback Mode（播放模式）选择 Animate Strokes（动画描边），Playback Speed（播放速度）设置为 12，选中"矢量绘图"特效，在窗口中，按照书写的笔画顺序绘制用钢笔工具勾画出的部分，如图 3-5-14 所示。

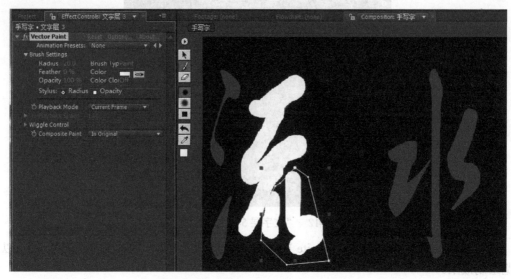

图 3-5-14　"文字层 3"绘制后的效果

⑯ 将矢量绘图特效中的 Composite Paint（合成绘图）选为 As Matte（作为蒙版），以便预览到绘制效果。

⑰ 选择"文字层 2"，单击菜单命令 Effect（效果）>Paint（绘图）>Vector Paint（矢量绘图），添加矢量特效。在特效控制面板中展开 Brush（画笔）设置，将 Radius（半径）设置为 20，Playback Mode（播放模式）选择 Animate Strokes（动画描边），Playback Speed（播放速度）设置为 8，选中"矢量绘图"特效，在窗口中，按照书写的笔画顺序绘制用钢笔工具勾画出的部分，如图 3-5-15 所示。

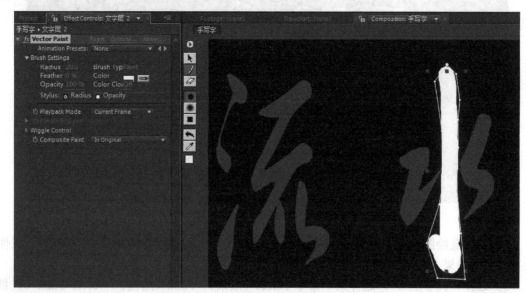

图 3-5-15　"文字层 2"绘制后的效果

⑱ 将矢量绘图特效中的 Composite Paint（合成绘图）选为 As Matte（作为蒙版）。

⑲ 选择"文字层"，选择菜单命令 Effect（效果）>Paint（绘图）>Vector Paint（矢量绘图），给"文字层"添加矢量特效。在特效控制面板中展开 Brush（画笔）设置，将 Radius（半径）设置为 20，Playback Mode（播放模式）选择 Animate Strokes（动画描边），Playback Speed（播放速度）设置为 12，选中"矢量绘图"特效，在窗口中，按照书写的笔画顺序先绘制用钢笔工具勾画出的部分，如图 3-5-16 所示。

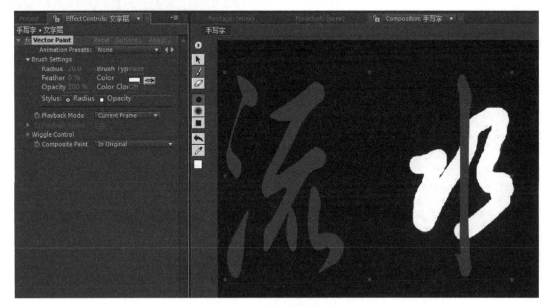

图 3-5-16　文字层绘制后的效果

⑳ 将矢量绘图特效中的 Composite Paint（合成绘图）选为 As Matte（作为蒙版）以便预览到效果。

㉑ 最后按住"0"键预览画面效果，可以看文字被写出，如图 3-5-17 所示。

图 3-5-17　最终合成效果

案例小结

本案例主要介绍矢量绘图特效的使用。

知识拓展

下面介绍"仿制图章工具"的使用，用"仿制图章工具"制作虾米游动的动画效果。

① 按 Ctrl+N 组合键新建一个名称为"虾游动"的合成，具体参数设置，如图 3-5-18 所示。

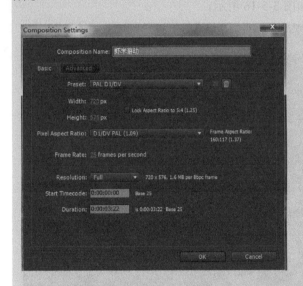
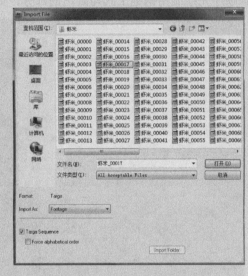

图 3-5-18　合成的参数设置　　　　　　　图 3-5-19　导入序列文件操作

② 按 Ctrl+I 组合键打开 Import File（导入文件）对话框，选择"第 3 章/克隆虾米动画/虾米_000017.tga"文件，勾选 Targa Sequence（目标序列）选项，如图 3-5-19 所示，将序列导入。

③ 将虾序列素材拖曳到"虾游动"合成中，为虾素材制作 Position（位置）关键帧动画，具体参数设置如图 3-5-20 所示，制作出的动画效果，如图 3-5-21 所示。

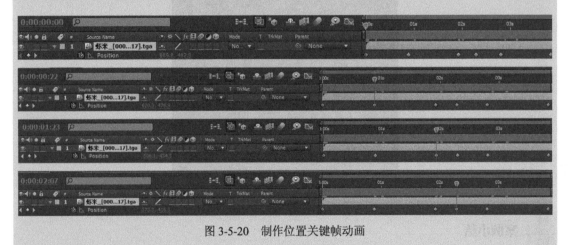

图 3-5-20　制作位置关键帧动画

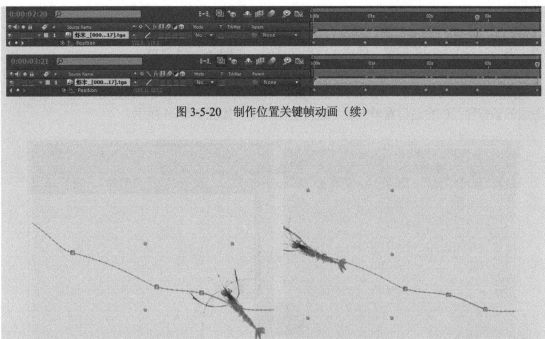

图 3-5-20 制作位置关键帧动画（续）

图 3-5-21 虾位移动画

④ 按 Ctrl+N 组合键新建一个名称为"虾克隆"的合成，具体参数设置，如图 3-5-22 所示，将"虾游动"合成拖曳到"虾克隆"合成中。

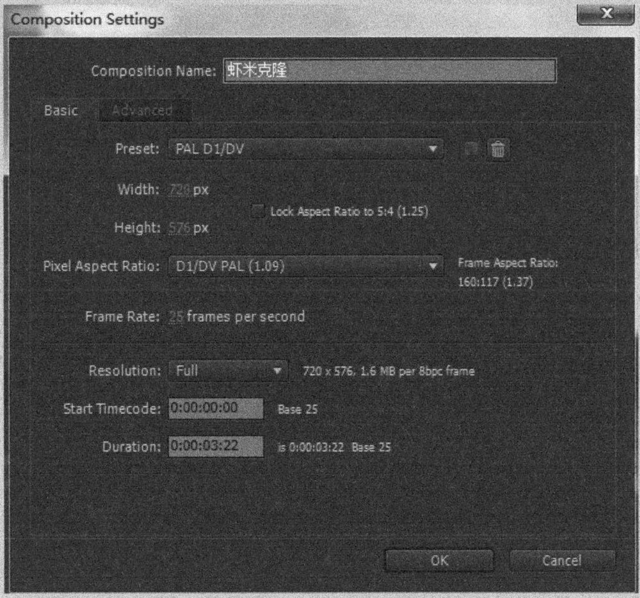

图 3-5-22 新建合成的相关设置

⑤ 按 Ctrl+Y 组合键新建一个白色固态层，命名为"克隆1"，这个图层将作为克隆第1 只虾的目标图层。在工具栏中设置 Workspace（工作区）为 Paint（绘画）模式，在

Timeline（时间线）窗口中分别双击"虾游动"图层和"克隆 1"图层，让这两个图层分别在各自的 Layer（图层）窗口显示。按 Ctrl+Shift+Alt+N 组合键，将预览窗口进行并列放置，调整好各个窗口的位置，最终工作界面效果，如图 3-5-23 所示。

⑥ 在工具栏中选择"仿制图章工具"，按住 Alt 键的同时在"虾游动"图层的预览窗口中选择采样点的 Source Position（源位置）。将当前时间滑块拖曳到起始处，在"克隆 1"图层的预览窗口的合适位置单击鼠标进行仿制操作，如图 3-5-24 所示。

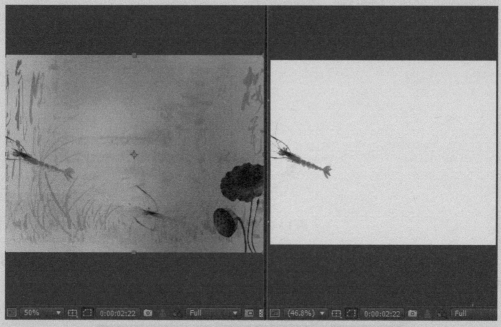

图 3-5-23　调整后的工作界面

图 3-5-24　仿制虾

⑦ 展开"克隆 1"图层的 Paint（绘画）属性，设置 Paint On Transparent（在透明上绘画）为 On（开启）。在 Clone 1（仿制 1）选项组下设置 Stroke Options（描边选项）的 Diameter（直径）为 674.7，Clone Position（仿制位置）为（715.3，574.1），Clone Time Shift（仿制时间移动）为 0:00:00:22 秒。最后在 Transform：Clone1（变换：仿制 1）选项组下设置 Anchor Point（轴心点）为（0，0），Position（位置）为（772.8，101.5），Scale（大小/缩放）为（120，120%），Rotation（旋转）为（0× –40°），具体参数设置如图 3-5-25 所示。

第 3 章 动画的制作

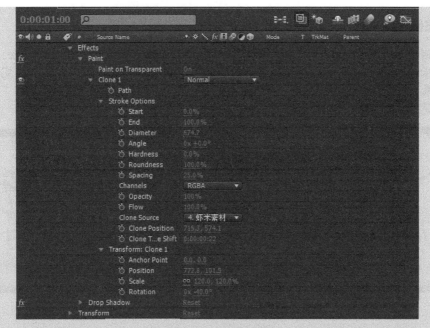

图 3-5-25　设置仿制参数

⑧ 采用相同的方法再仿制出两只虾米，为合成添加一张背景画面，设置虾米图层的 Mode（模式）为 Darken（变暗），最终效果如图 3-5-26 所示。

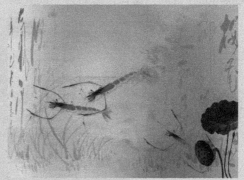

图 3-5-26　虾米运动的动画效果

3.6　放大镜效果制作

学习要点

- 了解 After Effects 中的表达式的应用技巧
- 掌握编写表达式的方法
- 能将表达式应用到具体实例中

案例分析

本案例效果是模拟使用放大镜来观看文字。为了让效果逼真，利用 Spherize 滤镜模拟放大镜膨胀的效果，利用表达式来限定膨胀的范围，两个效果有机结合，制作出完美逼真的放大镜效果。

放大镜效果图如图 3-6-1 所示。

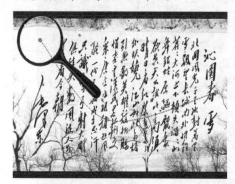 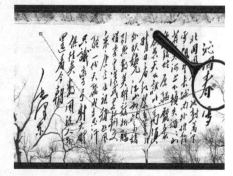

图 3-6-1　放大镜效果图

 操作流程

① 执行 Composition（合成）>New Composition（新建合成）命令，新建一个 Composition（合成）窗口，命名为"放大镜"，如图 3-6-2 所示。

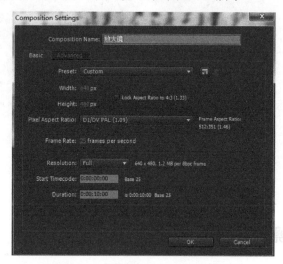

图 3-6-2　"放大镜"合成的相关设置

② 将"第 3 章/放大镜效果/放大镜.tif"和"书法字.tag"文件导入，并将它们拖入到时间线窗口中，如图 3-6-3 所示。

图 3-6-3　将素材添加到时间线上

③ 选中"放大镜.tif"层，按下 S 键[1]，展开"放大镜.tif"层的 Scale（大小/缩放）属性，并将 Scale 属性值设置为 50%，如图 3-6-4 所示。

图 3-6-4　Scale 属性设置

④ 选中"放大镜.tif"层，按下 A 键展开"放大镜.tif"层的 Anchor Point（锚点）属性，并设置 Anchor Point 的值为（183，178），使其在固定位置，如图 3-6-5 所示。

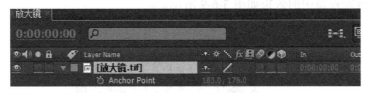

图 3-6-5　Anchor Point 属性设置

⑤ Composition（合成）监视窗中的画面效果如图 3-6-6 所示。

图 3-6-6　合成监视窗中的画面效果

⑥ 单击工具箱中的 （椭圆形蒙版）工具，在 Composition 窗口中沿放大镜镜片绘制一个 Mask，如图 3-6-7 所示。

图 3-6-7　在窗口中绘制遮罩

1　展开 Scale（大小/缩放）属性的快捷键是 S 键。

⑦ 选中"放大镜.tif"层，按下 M 键展开"放大镜.tif"层的 Mask 属性，勾选 Mask 属性下的 Inverted（反选）复选框，如图 3-6-8 所示。

图 3-6-8　设置 Mask 属性

⑧ 此时合成监视窗中的效果如图 3-6-9 所示。

图 3-6-9　合成监视窗效果

⑨ 选中"放大镜.tif"层，按下 P 键展开"放大镜.tif"层的 Position 属性，按组合键 Shift+R，在打开位置属性的同时，展开"放大镜.tif"层的 Rotation 属性，并为 Position 和 Rotation 参数设置关键帧。

⑩ 在时间 0:00:00:00 处设置 Position 的属性参数为（80，83），Rotation 的属性参数为（0× +310.0°），如图 3-6-10 所示。这时放大镜被放置在画面的左上角，如图 3-6-11 所示。

图 3-6-10　第一个关键帧参数值设置

图 3-6-11　第一个关键帧处放大镜的位置

⑪ 在时间 0:00:01:03 处设置 Position 的属性参数为（283，310），Rotation 的属性参数为（0× +215.2°），如图 3-6-12 所示。放大镜被放置在画面的中间位置，如图 3-6-13 所示。

图 3-6-12　第二个关键帧参数值的设置

图 3-6-13　第二个关键帧处放大镜的位置

⑫ 在时间 0:00:02:23 处设置 Position 的属性参数为（606，231），Rotation 的属性参数为（0× +128°），如图 3-6-14 所示。放大镜被放置在画面的右侧位置，如图 3-6-15 所示。

图 3-6-14　第三个关键帧参数值的设置

图 3-6-15　第三个关键帧处放大镜的位置

⑬ 按数字键 0 预览画面,效果如图 3-6-16 所示。

图 3-6-16　放大镜的运动效果

⑭ 选中"书法字.tag"层,执行 Effect(效果)>Distort(扭曲)> Spherize(球面化)命令,为该层添加 Spherize(球面化)滤镜,如图 3-6-17 所示。

⑮ 在 Effect Controls(特效控制)面板中调整特效参数,将 Radius(半径)设置成 75,将 Center of Sphere(球面中心)的值设置成为(612,231),如图 3-6-18 所示。

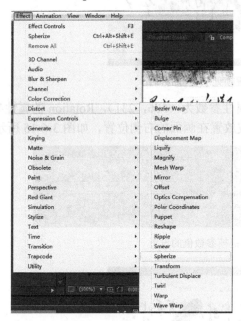

图 3-6-17　添加 Spherize(球面化)滤镜　　　　图 3-6-18　滤镜的参数设置

⑯ 在时间线窗口中,展开 Spherize (球面化)滤镜的参数,选中 Center of Spher(球面中心)属性,执行 Animation(动画模块)>Add Expression(添加表达式)命令,为其属性添加表达式,如图 3-6-19 所示。

⑰ 在表达式输入框中,输入表达式"this_comp.layer("放大镜.tif").position",该表达式的含义是使文字跟随放大镜的移动而发生相应的形变,如图 3-6-20 所示。

⑱ 按数字键盘上的 0 键进行预览,随着放大镜位置的移动,放大镜下的文字也随之变形放大,如图 3-6-21 所示。

第 3 章 动画的制作

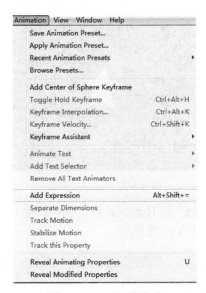

图 3-6-19　添加表达式

图 3-6-20　输入表达式语句

图 3-6-21　放大镜动画效果图

 案例小结

　　放大镜效果制作是表达式和 After Effects CS4 内置特效综合运用的典型案例，表达式运用得当，能制作出简单关键帧动画难以达到的真实效果

 知识拓展

这里用个小例子扩展介绍一下表达式的应用，具体制作方法如下。
① 创建一个预设为"PAL DI/DV"的合成，在合成中建立一个白色的固态层，选中固态层双击工具栏中的星形工具按钮，在合成监视窗中添加一个五角星，如图 3-6-22 所示。

81

图 3-6-22 绘制星形图

② 按住 Alt 键单击 Rotation，在 Rotation 表达式栏中输入 random(0,40)，为五角星的旋转添加随机变化的表达式，如图 3-6-23 所示。

图 3-6-23 旋转表达式的输入

③ 在 Position 表达式栏中输入[random(0,720)，random(0,576)]，添加位置随机变化的表达式，如图 3-6-24 所示。

图 3-6-24 位置表达式的输入

④ 在 Scale 表达式栏中输入[random(0,100)，random(0,100)]，添加缩放随机变化的表达式，如图 3-6-25 所示。

图 3-6-25 缩放表达式的输入

⑤ 在 Opacity 表达式栏中输入 random(0,100)，添加 Opacity 随机变化的表达式，如图 3-6-26 所示。

图 3-6-26 透明度表达式的输入

第 3 章 动画的制作

⑥ 选中星星层，选择菜单命令 Effect>Color Correction>Hue/Saturation，添加色彩效果，设置 Colorize Saturation（颜色饱和度）为 100，Colorize Lightnes（颜色亮度）为 –50，为 Colorize Hue（色相）添加表达式 random（0，360），如图 3-6-27、3-6-28 所示。

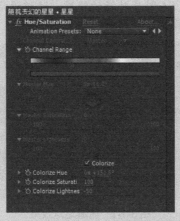

图 3-6-27　Hue/Saturation 的相关参数设置

图 3-6-28　表达式的设定

⑦ 最后将图层模式设为 Screen 方式，按 Ctrl+D 组合键创建多个副本，如图 3-6-29 所示，这样就出现满屏随机变化的五角星，最终的效果图如图 3-6-30 所示。

图 3-6-29　图层的设置　　　　　　　　　图 3-6-30　随机出现的五角星

3.7　俯瞰地球效果的制作

学习要点

- 了解 After Effects 中的父子图层的关系
- 熟悉在图层上设置关键帧的技巧
- 掌握层与层叠加的应用技巧

案例分析

本案例介绍 After Effects CS4 图层功能的使用，通过设定父子图层关系，制作一个地球缩放的动画，实现俯瞰地球效果。效果图如图 3-7-1 所示。

图 3-7-1 俯瞰地球效果

 操作流程

① 新建一个命名为"地球"的合成，设置 Width（长）为 640px，Height（宽）为 480px，像素长宽比为 D1/DV PAL（1.09），Duration（持续时间）为 10 秒，具体参数设置，如图 3-7-2 所示。

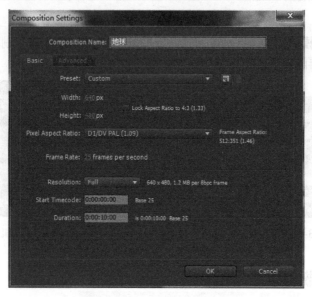

图 3-7-2 合成的相关设置

② 在 Project（项目）窗口空白处双击，将素材"第 3 章/俯瞰地球/earthStill.png"、"01.jpg"、"02.jpg"、"03.jpg"、"04.jpg"、"05.jpg"、"06.jpg"、"07.jpg"文件都导入工程窗口，并将它们拖曳到时间线面板中。设置显示属性，只显示 01.jpg 和 02.jpg 层，单击除 01.jpg、02.jpg 层以外图层的 （显示图层）图标[1]，将图层隐藏，如图 3-7-3 所示。

---

1 显示图标控制在合成窗口中是否显示该图层的画面。

图 3-7-3　导入图层

③ 选中 01.jpg 图层，将其 OpaciAy（不透明度）设置为 50%，在视图中调整 01.jpg 层的大小和位置，将 01.jpg 的 Scale 属性设置为（25，25%），将 Position 属性设置为（949.5，628.0），设置好属性以后，01.jpg 就能和它下面的 02.jpg 图层中的画面进行很好的对位了，如图 3-7-4 所示。

图 3-7-4　图层对位处理后的画面

④ 将 01.jpg 层与 02.jpg 层建立父子链接[1]，单击 01.jpg 层 Parent 栏的下拉菜单，在下拉菜单中选择 2.02.jpg，使 01.jpg 层成为 02.jpg 层的子图层。保证在调整 02.jpg 层的过程中，01.jpg 与 02.jpg 之间已经调整好的位置及大小关系保持不变，如图 3-7-5 所示。

图 3-7-5　设定 01.jpg 层与 02.jpg 层之间父子链接

⑤ 用调整 01.jpg 层与 02.jpg 层的方法，调整 02.jpg 图层和 03.jpg 图层的大小和位置关系。只显示 02.jpg 图层和 03.jpg 图层，单击其他图层的 图标，将它们的显示属性关闭。选中 02.jpg 图层，将其不透明度设置为 50%，在视图中调整 02.jpg 层的大小和位置，将 02.jpg

---

[1] 父子链接是不用嵌套为图层建立层级关系的方法，在父子连接关系中任何应用于父层级的变化都会立即影响子层级，而针对子层级的设置不会影响到父层级。

的 Scale 属性设置为（25，25%），将 Position 属性设置为（942.9，628.0），使其和 03.jpg 层中的画面进行对位。最后将 02.jpg 链接为 03.jpg 层的子层级，这样保证在调整 03.jpg 图层的过程中，02.jpg 与 03.jpg 之间已经调整好的位置及大小关系保持不变，如图 3-7-6 所示。

图 3-7-6　设定 02.jpg 层与 03.jpg 层之间的父子链接

⑥ 调整 03.jpg 图层和 04.jpg 图层的大小和位置关系，同样只显示 03.jpg 图层和 04.jpg 图层。选中 03.jpg 图层，将 03.jpg 的 Scale 属性设置为（25，25%），Position 属性设置为（941.8，627.0），使其和下面 04.jpg 层中的画面进行对位。将 03.jpg 链接为 04.jpg 层的子层级，保证在调整 04.jpg 图层的过程中，03.jpg 图层与 04.jpg 图层之间已经调整好的位置及大小关系保持不变，如图 3-7-7 所示。

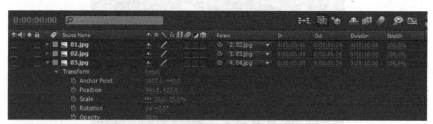

图 3-7-7　03.jpg 层的参数设置

⑦ 调整 04.jpg 图层和 05.jpg 图层的大小和位置关系，将 04.jpg 图层不透明度设置为 50%，Scale 属性设置为（25，25%），Position 属性设置为（946.2，634.0），使其和 05.jpg 层中的画面进行对位。最后将 04.jpg 链接为 05.jpg 层的子层级，如图 3-7-8 所示。

图 3-7-8　04.jpg 层的参数设置

⑧ 调整 05.jpg 图层和 06.jpg 图层的大小和位置关系，将 05.jpg 图层的不透明度设置为 50%，Scale 属性设置为（13，13%），Position 属性设置为（923.4，631.1），使其和 06.jpg 层中的画面进行对位。最后将 05.jpg 链接为 06.jpg 层的子层级，如图 3-7-9 所示。

⑨ 调整 06.jpg 图层和 07.jpg 图层的大小和位置关系，将 06.jpg 图层的不透明度设置为 50%，Scale 属性设置为（9，9%），Position 属性设置为（927.6，677.5），使其和 07.jpg 层中的画面进行对位。最后将 06.jpg 链接为 07.jpg 层的子层级，如图 3-7-10 所示。

图 3-7-9　05.jpg 层的参数设置

图 3-7-10　06 图层的参数设置

⑩ 最后调整 07.jpg 图层和 earthStill.png 图层的大小和位置关系，同样只显示 07.jpg 图层和 earthStill.png 图层。选中 07.jpg 图层，将其不透明度设置为 50%，Scale 属性设置为（45，45%），Position 属性设置为（1038.1，1238.0），使其和 earthStill.png 层中的画面进行对位。最后将 07.jpg 图层链接为 earthStill.png 图层的子层级，这样能保证在调整 earthStill.png 图层的过程中，07.jpg 与 earthStill.png 之间已经调整好的位置及大小关系能保持不变，如图 3-7-11 所示。

图 3-7-11　所有图层的父子链接处理完毕

⑪ 调整完单个图层，就不必再担心图层间相对位置的变化。将所有图层的父子层级进行修改，将所有的父级图层设回 01.jpg，这样只需对 01.jpg 图层进行修改就可以了。调整完的时间线窗口，如图 3-7-12 所示。

图 3-7-12　修改所有图层的父子关系

⑫ 选中 01.jpg 图层，展开其所有属性，将其不透明度还原为 100%，如图 3-7-13 所示。

图 3-7-13　更改图层 01 的透明度参数

⑬ 调整图层 01.jpg 的位置、大小、旋转等参数，目的是使其与下层图层更好的拼合，此时，图层 01.jpg 的基本参数设置，如图 3-7-14 所示。设置完相关参数后，图层 01.jpg 在合成监视窗中的效果，如图 3-7-15 所示。

图 3-7-14　图层 01.jpg 的参数设置

图 3-7-15　图层 01 的合成效果

⑭ 给图层 01.jpg 的 Scale（大小）属性设置关键帧，在 0:00:00:00 处设置 Scale 属性值为"100%"，在 000:06:00 处设置 Scale 属性值为（0，0%），如图 3-7-16 所示。

图 3-7-16　设置图层 01.jpg 缩放参数的关键帧

⑮ 选中 Scale 的两个关键帧，单击鼠标右键，在弹出的快捷菜单中选择 Keyframe Assistant（关键帧助手）>Exponential Scale[1]命令，如图 3-7-17 所示。

1　Exponential Scale 选项只对"Scale"属性起作用，该项设置可使 Scale 关键帧动画过渡更加柔顺。

⑯ 在时间线窗口中选中 02.jpg 层，单击工具栏中的椭圆形遮罩图标，在 02.jpg 上绘制一个 Mask。设置 Mask Feather（羽化值）为（250.0，250.0），如图 3-7-18 所示。将 02.jpg 图层的边缘和其下层图层很好的融合在一起，调整后的合成监视窗画面如图 3-7-19 所示。

图 3-7-17　执行 Exponential Scale 命令后的时间线窗口

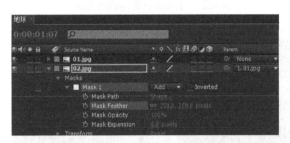

图 3-7-18　图层 02 的遮罩的羽化值设置

图 3-7-19　图层 02 和下层图层融合后的效果

⑰ 使用同样方法继续处理下层图层，完成后合成监视窗的画面效果如图 3-7-20 所示。

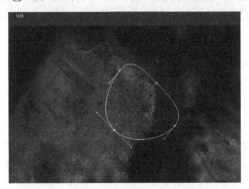

图 3-7-20　利用遮罩完成画面融合

图 3-7-21　为 earthStill.png 图层创建遮罩

⑱ 在时间线窗口中选中 earthStill.png 图层，使用工具栏中的椭圆形遮罩工具，为 earthStill.png 图层创建一个 Mask，如图 3-7-21 所示。

⑲ 执行 New（新建）>Solid（固态层）[1]命令，新建一个灰色固态层，命名为"星空"，放在所有图层底部，如图 3-7-22 所示。

---

1 固态层就是一种单一颜色的层，颜色可调整，和 PS 的图层很相似，在没有视频层和图片层的时候，特效都必须做到固态层上。

⑳ 在时间线窗口中选中"星星"层，执行 Effect（效果）>Noise & Grain（噪波和颗粒）>Fractal Noise（分形噪波）命令，为其添加分形噪波。在 Effect Controls（效果控制）面板中对 Fractal Noise（分形噪波）的参数进行设置，将 Contrast（对比度）设置为 369，Brightness（亮度）设置为–153，将 Scale（大小）设置为 4，如图 3-7-23 所示。此时合成监视窗中的效果，如图 3-7-24 所示。

图 3-7-22　时间线中新建的固态层

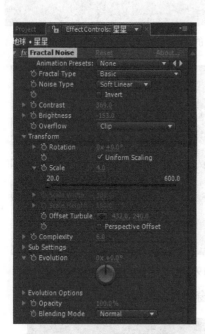

图 3-7-23　分形噪波参数设置　　　　　图 3-7-24　合成监视窗口画面

㉑ 在时间线窗口中展开 Fractal Noise（分形噪波）特效的 Evolution 属性，为其添加关键帧，让宇宙中有点点星光的效果。在时间点 0:00:00:00 处参数设置为 0，在时间点 0:00:09:24 处参数设置为 3，如图 3-7-25 所示。

图 3-7-25　参数 Evolution 的关键帧设置

㉒ 俯瞰地球效果制作完成，最终效果如图 3-7-26 所示。

第3章 动画的制作

图 3-7-26 俯瞰地球效果图

案例小结

此案例的知识重点是理解父子图层之间的关系，学完本节内容要能利用父子图层之间的关系完成一些效果的制作。在制作本节案例时，对图层进行叠加调整要认真仔细，灵活应用遮罩进行羽化边缘处理，使两个画面完美融合。

本例最终的制作效果和运动节奏息息相关，节奏不是速度，是一种韵律。通过调整两个关键帧之间的距离，能很好的控制动画的节奏，再搭配上合适的音乐，整个画面的效果会非常震撼。

习题

1. 单选题

（1）快速展开图层 Position 属性的快捷键是_____。
   A．T　　　　　B．U　　　　　C．P　　　　　D．R
（2）快速展开图层 Rotation 属性的快捷键是_____。
   A．T　　　　　B．Y　　　　　C．P　　　　　D．R
（3）单击哪个按钮可以打开关键帧的曲线编辑器窗口_____。
   A． 　　　　B． 　　　　C． 　　　　D．
（4）创建固态层的组合键是_____。
   A．Ctrl+Y　　　B．Ctrl+A　　　C．Ctrl+B　　　D．Ctrl+F

2. 多选题

（1）在 After Effects CS4 中，除了 Pen 工具外，还可用哪些方式创建蒙版_____。
   A． 　　　　B． 　　　　C． 　　　　D．
（2）在关键帧设置中，常见的差值方式有_____。
   A．Linear（线性）　　　　　　　B．Bezier（贝塞尔）
   C．Hold（固定）　　　　　　　　D．Auto Bezier（自动贝塞尔）

（3）父子图层绑定后，父物体可以影响子物体的哪些属性_____。
   A．位置   B．旋转   C．缩放   D．中心点

3．思考题

在编辑关键帧时，如何设置关键帧的数值，如何移动关键帧，如何对一组关键帧进行时间整体缩放？

4．操作题

使用"第 3 章/操作题"文件夹提供的素材，参看 final.avi 文件，利用本章所学的知识，制作一个片头动画。

第 4 章

文字特效的制作

在影视后期制作中,字幕的作用不容忽视,它可以美化画面、平衡画面构图、扩展镜头语言、直观表达主题。After Effects CS4 中丰富的文字特效,为制作字幕提供了极大的便利。

本章主要学习 After Effects CS4 中多种文字特效的制作方法,了解第三方插件,如 Shine、Particular 等在制作文字特效时扮演的重要角色。

能制作出更多、更炫的字幕效果,为影片增色、添彩。

4.1 飞舞方块文字特效的制作

学习要点

- 了解 Basic Text、Card Wipe、Starglow、Glow 特效的相关功能
- 掌握 Basic Text、Card Wipe、Starglow、Glow 特效的相关参数设定
- 重点掌握 Card Wipe 特效的操作方法

案例分析

为了丰富字幕的效果,本案例给字幕添加了飞舞的方块效果。利用 Card Wipe 特效给方块增加动感,用 Glow、Starglow 给方块增加光效,让方块有光芒四射的效果。最后叠加上字幕背景,整体画面效果尤为动感。本例最终效果如图 4-1-1 所示。

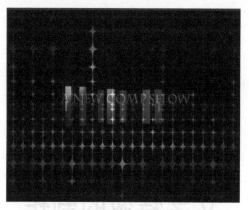

图 4-1-1　飞舞方块文字特效的效果图

操作流程

① 启动 After Effects CS4 软件，自动创建一个 Project（项目）文件，选择菜单命令 Composition（合成）>New Composition（新合成）[1]，创建一个预置为 PAL Dl/DV 的合成，将其命名为"文字 1"，设置时间长度为 5 秒，Composition Settings（合成设置）窗相关设置，如图 4-1-2 所示。

② 选择菜单命令 File（文件）>Save（保存）[2]，保存项目文件，将其命名为"飞舞的方块文字"。

③ 选择菜单命令 Layer（层）>New（新建）>Solid（固态层）[3]，打开 Solid Settings（固态层设置）窗口，将固态层命名为"文字 1 层"，固态层其他参数设置，如图 4-1-3 所示。

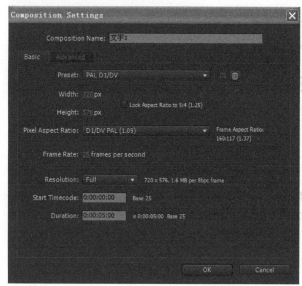
图 4-1-2　新建合成的参数设置界面

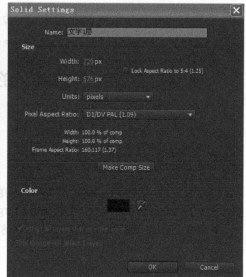
图 4-1-3　固态层的相关参数

---

1 新建合成的组合键为 Ctrl+N。
2 保存文件的组合键为 Ctrl+S。
3 新建固态层的组合键为 Ctrl+Y。

④ 为"文字 1 层"添加"Basic Text[1]（基本文字）"。选择菜单命令 Effect（特效）>Obslete（旧版本）>Basic Text（基本文字），然后输入字母 A NEW COMP SHOW，单击 OK 按钮，设置文字的位置、颜色和大小等参数，如图 4-1-4 所示。

⑤ 为"文字 1 层"添加 Bevel Alpha（导角）特效。选择菜单命令 Effect（特效）>Perspective（透视）>Bevel Alpha（导角）特效，设置 Edge Thickness（边缘厚度）的值为 3.4，Light Angle（光的角度）的值为（0× −57°），Light Color（光的颜色）为"白色"，Light Intensity（光的强度）为 0.4，如图 4-1-5 所示。

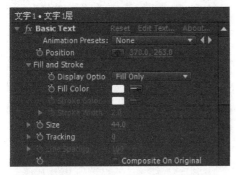

图 4-1-4　Basic Text 的相关参数设置

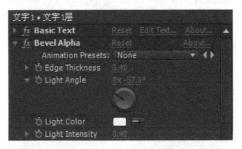

图 4-1-5　Bevel Alpha 特效的参数设置

⑥ 选中"文字 1 层"，选择菜单命令 Effect（特效）>Stylize（风格化）>Glow[2]（辉光）特效，设置 Glow Threshold（辉光阈值）的值为 60%，Glow Radius（辉光半径）为 36，Glow Intensity（辉光强度）为 2，设置 Glow Color（辉光颜色）为 A&B 颜色，然后设置 Color A（深蓝色）和 Color B（浅蓝色）的颜色，如图 4-1-6 所示。添加 Glow 特效后的效果如图 4-1-7 所示。

图 4-1-6　Glow 特效的参数设置

图 4-1-7　添加 Glow 特效后的效果图

1　Basic Text（基本文字）特效是 After Effects 中经常运用的基本文字调整特效，可以运用它来调整文字的字体（Font）、样式（Style）、方向（Direction）、对齐方式（Alignment）。这里需要说明的是在 After Effects CS4 中，Basic Text（基本文字）特效已经不在之前旧版本 Effect>Text>Basic Text 选项下，而是在 Effect（特效）>Obsolete（旧版本）>Basic Text（基本文字）选项下。

2　Glow 称为"发光效果"，经常用于图像中的文字和带有 Alpha 通道的图像，产生发光效果。Glow Based on：选择发光作用通道，可以选择 Color Channel（颜色通道）和 Alpha Channel（Alpha 通道）。Glow Threshold（发光阈值）设置发光程度，Glow Radius（发光半径）设置发光半径，Glow Intensity（发光强度）设置发光密度。

⑦ 选中"文字 1 层",选择菜单命令 Effect(特效)>Transition(转场)>Card Wipe[1](卡片翻转),设置 Transition Completion(转场完成度)的值为 0%,Rows(行数)的值 1,Columns(列数)的值为 34,Flip Axis(翻转轴向)为"Y",Flip Direction(翻转方向)为"Negative",Gradient Layer(渐变层)为"None",Timing Randomness(时间随机)的值为 0.5,Random Speed(随机速度)的值为 3,Z Position(Z 位置)的值为 2.12,Z Jitter Amount(Z 方向抖动数量)的值为 0.75,如图 4-1-8 和图 4-1-9 所示。

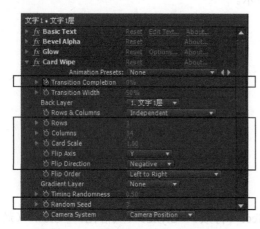

图 4-1-8 Card Wipe 特效相关参数设置   图 4-1-9 Card Wipe 特效相关参数设置

⑧ 设置关键帧动画[2]。在 0 秒处,分别单击 Transition Completion、Z Position、Z Jitter Amount 前面的码表,在第 20 帧处,设置 Transition Completion 的值为 0,Z Position 的值为 2.51,Z Jitter Amount 的值为 0,然后在 0 秒处,按快捷键 T[3]。单击 Opacity(透明度)前面的码表,设置参数为 0%;在 12 帧处,设置 Opacity 为 100%,如图 4-1-10 所示[4]。

图 4-1-10 设置关键帧动画的 Card Wipe 相关属性

⑨ 按组合键 Ctrl+N,创建一个预置为 PAL Dl/DV 的合成,将其命名为"文字 2",设置时间长度为 5 秒,如图 4-1-11 所示。

⑩ 按组合键 Ctrl+Y 新建固态层,将其命名为"文字 2",然后设置相关参数,如图 4-1-12 所示。

---

1 Card Wipe(卡片擦除)是卡片擦除方式的特效,运用得当可以做出动感很强的效果。
2 关键帧动画是 After Effects 后期制作中最为常用的一种动画,通过关键帧的设定来实现画面动态的效果,最基本的添加关键帧方法就是单击某个属性前面的关键帧码表,这样就在时间指针所处的位置设定了一个关键帧。
3 打开 Opacity(透明度)属性的快捷键为 T。
4 图 4-1-10 的左上角,可以看到时间的显示状态为"0:00:00:20",那么此处的"20"表示的是第 20 帧,然后向左依次表示"秒"、"分"、"时",在制作过程中常出现其他形式的时间显示状态,如:"00020"、"0001+04",这两个时间显示均和"0:00:00:20"是等同的,只是显示模式不一样,可以通过按住 Ctrl 键,单击时间显示可切换时间显示模式。

第 4 章 文字特效的制作

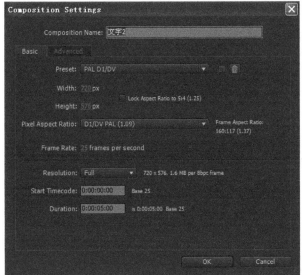
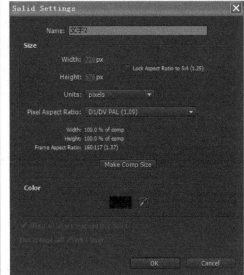

图 4-1-11　新建合成的相关设置　　　　　　图 4-1-12　固态层的相关参数

⑪ 为"文字 2"层添加"Basic Text（基本文字）"。选择菜单命令 Effect（特效）>Obslete（旧版本）>Basic Text（基本文字），然后输入字母 New Star TV，单击 OK 按钮，设置文字的位置、颜色和大小等参数，如图 4-1-13 所示。

⑫ 为"文字 2"层添加 Bevel Alpha（导角）特效。选择菜单命令 Effect（特效）>Perspective（透视）>Bevel Alpha（导角）特效，设置 Edge Thickness（边缘厚度）的值为 3.6，Light Angle（光的角度）的值为（0×–60°），Light Color（光的颜色）为"白色"，Light Intensity（光的强度）为 0.4，如图 4-1-14 所示。

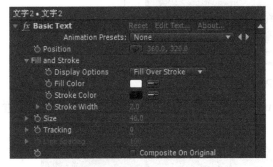

图 4-1-13　Basic Text 特效的参数设置　　　　图 4-1-14　Bevel Alpha 特效的参数设置

⑬ 选中"文字 2"层，选择菜单命令 Effect（特效）>Stylize（风格化）>Glow（辉光）特效，设置 Glow Threshold（辉光阈值）的值为 60%，Glow Radius（辉光半径）为 36，Glow Intensity（辉光强度）为 2.2，设置 Glow Color（辉光颜色）为 A&B 颜色，然后设置 Color A（深蓝色）和 Color B（浅蓝色）的颜色如图 4-1-15 所示，添加 Glow 特效后的效果如图 4-1-16 所示。

⑭ 选中"文字 2"层，选择菜单命令 Effect（特效）>Transition（转场）>Card Wipe（卡片翻转），设置 Transition Completion 的值为 80%，Transition Width 的值为 0，Rows 的值 1，Columns 的值为 59，Flip Axis（翻转轴向）为"Y"，Flip Direction（翻转方向）为"Negative"，

97

图 4-1-15 Glow（辉光）特效的参数设置

图 4-1-16 添加 Glow（辉光）特效后的效果图

Flip Order（轴旋转顺序）为"Right to Left"，Gradient Layer 层为"None"，如图 4-1-17 所示。

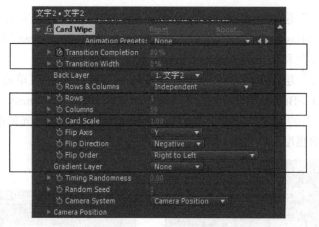

图 4-1-17 Card Wipe 特效的参数设置

⑮ 选中"文字 2"层，在 0 秒处单击 Transition Completion 前面的码表，在 1 秒处设置参数为 20%，如图 4-1-18 所示。

图 4-1-18 设置 Transition Completion 关键帧动画

⑯ 按组合键 Ctrl+N，创建一个预置为 PAL Dl/DV 的合成，将其命名为"蓝色方块"，设置时间长度为 5 秒，如图 4-1-19 所示。

⑰ 按组合键 Ctrl+Y 新建固态层，将其命名为"蓝色方块层"，设置颜色为"蓝色"，其他各参数设置如图 4-1-20 所示。

⑱ 选中"蓝色方块层"，选择菜单命令 Effect（特效）>Transition（转场）>Card Wipe

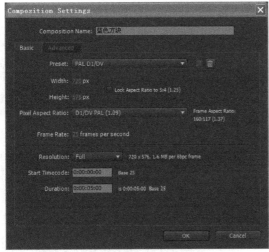

图 4-1-19　新建合成的相关参数设置　　　　图 4-1-20　固态层的相关参数设置

（卡片翻转），设置 Transition Completion 的值为 0%，Rows 的值 1，Columns 的值为 9，Card Scale（卡片大小）的值为 0.79，Flip Axis（翻转轴向）为 "Y"，Gradient Layer 层为 "None"，Timing Randomness（定时随机性）的值为 1，Random Seed（随机速度）的值为 22，如图 4-1-21 所示。

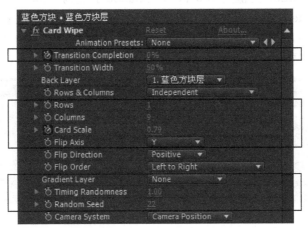

图 4-1-21　Card Wipe 特效相关参数设置

⑲ 展开 Camera Position（摄像机位置）选项，设置 Y Rotation（Y 方向旋转）的值为（0× –32°），Z Rotation（Z 方向旋转）的值为（0× –60°），Z Position（Z 方向位置）的值为–2，然后展开 Lighting 参数栏，设置 Light Type（灯光类型）为 Point Source（点光源），Light Intensity（灯光强度）的值为 2，Light Position（灯的位置）的值为（640，–126），Ambient Light（环境光线）的值为 0.19，如图 4-1-22 所示。

⑳ 展开 Material（材质）选项，设置 Diffuse Reflection（扩散反射）的值为 0.4，Specular Reflection（具体反射）的值为 2，Highlight Sharpness（高光锐化）的值为 22，展开 Position Jitter（位置抖动），设置 X Jitter Amount（X 位置抖动量）的值为 5，Z Jitter Amount（Z 位置抖动量）的值为 24，展开 Rotation Jitter（旋转抖动），设置 Y Rot Jitter Amount（Y 方向随机抖动量）的值为 360，如图 4-1-23 所示。

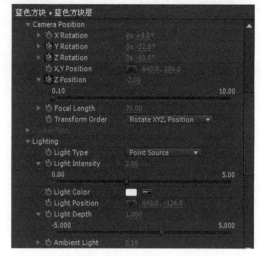

图 4-1-22 Camera Position 参数设置

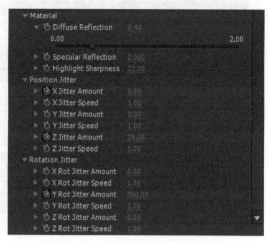

图 4-1-23 相关属性的参数设置

㉑ 选中"蓝色方块层",在 0 秒处,分别单击 Card Scale、Y Rotation、Z Rotation、Z Position、X Jitter Amount、Z Jitter Amount、Y Rot Jitter Amount 前面的码表。在 1 秒 10 帧处,单击 Transition Completion 前面的码表,设置其参数为 0%;在 2 秒 06 帧处,设置 Transition Completion 的值为 100%,Y Rotation 的值为(0×+0°),Z Rotation 的值为(0×+0°),X Jitter Amount 的值为 0,Z Jitter Amount 的值为 6;在 2 秒 13 帧处,设置 Card Scale 的值为 0.7,Z Position 的值为 8;在 3 秒处,设置 Y Rot Jitter Amount 的值为 270,设置以上参数主要是实现方块的旋转方向及动态效果,如图 4-1-24 所示。

图 4-1-24 关键帧动画的相关属性设置

㉒ 按组合键 Ctrl+N 创建新的合成,将其命名为"蓝色方块 1",然后创建一个固态层,将其命名为"蓝色方块层 1",设置其 Width 的值为 4000px,Height 的值为 576px,颜色为蓝色,参数如图 4-1-25 和图 4-1-26 所示。

㉓ 选中"蓝色方块层 1",选择菜单命令 Effect(特效)>Transition(转场)>Card Wipe(卡片翻转),设置 Transition Completion 的值为 0%,Back Layer 为 None,Rows 的值 1,Columns 的值为 19,Card Scale 的值为 0.3,Flip Axis 的值为 Y,Gradient Layer 层为 None,Timing Randomness 的值为 1,Random Speed 的值为 34,如图 4-1-27 所示。

㉔ 展开 Camera Position 选项,设置 Y Rotation 的值为(0× +32°),Z Rotation 的值为(0× –60°),Z Position 的值为–2,然后展开 Lighting 参数栏,设置 Light Type 为 Point Source,Light Intensity 的值为 1,Light Position 的值为(640,–900),Ambient Light 的值为 0.25,如图 4-1-28 所示。

第 4 章 文字特效的制作

图 4-1-25 新建合成的相关设置

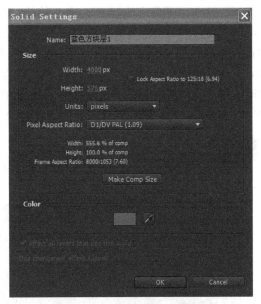

图 4-1-26 固态层的相关参数

图 4-1-27 Card Wipe 特效的参数设置

图 4-1-28 Camera Position 参数设置

㉕ 展开 Material（材质）选项，设置 Diffuse Reflection（扩散反射）的值为 0.4，Specular Reflection（具体反射）的值为 2，Highlight Sharpness（高光锐化）的值为 42，展开 Position Jitter（位置抖动），设置 X Jitter Amount（X 位置抖动大小）的值为 5，Z Jitter Amount（Z 位置抖动大小）的值为 20，展开 Rotation Jitter(旋转抖动)，设置 Y Rot Jitter Amount（Y 方向旋转抖动大小）的值为 360，如图 4-1-29 所示。

4-1-29 相关属性的参数设置

㉖ 选中"蓝色方块层1",在0秒处,分别单击 Y Rotation、Z Rotation、Z Position、X Jitter Amount、Z Jitter Amount、Y Rot Jitter Amount 前面的码表。在1秒10帧处,单击 Transition Completion 前面的码表,设置其参数为 0%;在2秒 06 帧处,设置 Transition Completion 的值为 100%,Y Rotation 的值为(0×+0°),Z Rotation 的值为(0×+0°),X Jitter Amount 的值为 0,Z Jitter Amount 的值为 24;在2秒15帧处,Z Position 的值为 12,Y Rot Jitter Amount 的值为 150,如图 4-1-30 所示。

> **提示**
> 设置此以上参数主要是实现方块的旋转方向及动态效果。

图 4-1-30　相关属性的关键帧动画设置

㉗ 创建新的合成,将其命名为"蓝色方块 2",然后创建一个固态层,将其命名为"蓝色方块 2 层",设置其 Width 的值为 3000px,Height 的值为 576px,颜色为蓝色,各参数设置如图 4-1-31 和图 4-1-32 所示。

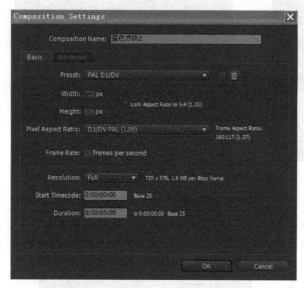
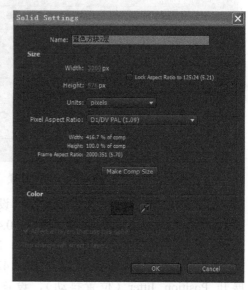

图 4-1-31　新建合成的相关设置　　　　图 4-1-32　固态层的相关参数

㉘ 选中"蓝色方块 2 层",选择菜单命令 Effect(特效)>Transition(转场)>Card Wipe(卡片翻转),设置 Transition Completion 的值为 0%,Back Layer 为 None,Rows 的值 1,Columns 的值为 17,Card Scale 的值为 0.48,Flip Axis 为 Y,Flip Direction 为 Negative,Gradient Layer 层为 None,Timing Randomness 的值为 1,Random Speed 的值为 205,如图 4-1-33 所示。

㉙ 展开 Camera Position 选项，设置 Y Rotation 的值为（0× +32°），Z Rotation 的值为（0× −60°），Z Position 的值为−2，然后展开 Lighting 参数栏，设置 Light Type 为 Point Source，Light Intensity 的值为 1，Light Color 为蓝色，Light Depth 的值为 0.48，Light Position 的值为（1500，288），Ambient Light 的值为 0.25，如图 4-1-34 所示。

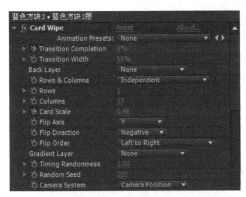

图 4-1-33　Card Wipe 特效的参数设置

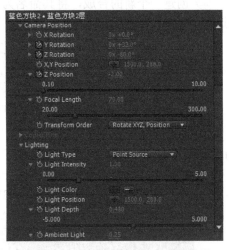

图 4-1-34　Camera Position 参数设置

㉚ 展开 Material 选项，设置 Diffuse Reflection 的值为 0.4，Specular Reflection 的值为 2，Highlight Sharpness 的值为 10，展开 Position Jitter，设置 X Jitter Amount 的值为 5，Z Jitter Amount 的值为 20，展开 Rotation Jitter，设置 Y Rot Jitter Amount 的值为 360，如图 4-1-35 所示。

㉛ 选中"蓝色方块 2 层"，在 0 秒处，分别单击 Card Scale、Y Rotation、Z Rotation、Z Position、X Jitter Amount、Z Jitter Amount、Y Rot Jitter Amount 前面的码表。在 1 秒 10 帧处，单击 Transition Completion 前面的码表，设置其参数为 0%；在 2 秒 06 帧处，设置 Transition Completion 的值为 100%，Y Rotation 的值为（0× +32°），Z Rotation 的值为（0× −30°），X Jitter Amount 的值为 0，Z Jitter Amount 的值为 8；在 2 秒 15 帧处，设置 Card Scale 的值为 0.48，Z Position 的值为 8，Y Rot Jitter Amount 的值为 240，如图 4-1-36 所示，

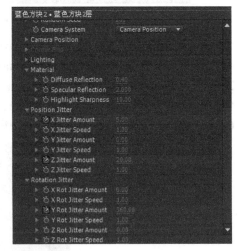

图 4-1-35　相关属性的参数设置

图 4-1-36　相关属性的关键帧动画设置

> **提示**
> 设置以上参数主要是实现方块的旋转方向及动态效果。

㉜ 创建一个新的合成，将其命名为"组合方块"，然后将"蓝色方块"、"蓝色方块 1"、"蓝色方块 2"依次导入到组合方块中，并设置叠加模式为 Add，如图 4-1-37 所示。

图 4-1-37　导入其他方块合成

㉝ 选中"蓝色方块"、"蓝色方块 2"，在 2 秒 06 帧处，按快捷键 T，单击 Opacity 前面的关键帧码表，设置参数为 100%；然后在 3 秒处，将参数改为 0%。选中"蓝色方块 1"在 2 秒 15 帧处，按快捷键 T，单击 Opacity 前面的关键帧码表，设置参数为 100%；然后在 3 秒 09 帧处，设置参数为 0%，如图 4-1-38 所示。

图 4-1-38　调节透明度

㉞ 新建调节层，选择菜单命令 Layer>New>Adjustment Layer（调节层），然后选中调节层，选择菜单命令 Effect>Trapcode>Starglow（星形辉光），设置 Threshold（阈值）的值为 200，Threshold Soft 的值为 100，Streak Length 的值为 42，展开 Individual Colors（个体颜色）选项，设置 Up Right 为 Colormap A，展开 Colormap A 选项，设置 Type/Preset 为 One Color，设置颜色为白色，如图 4-1-39 所示。

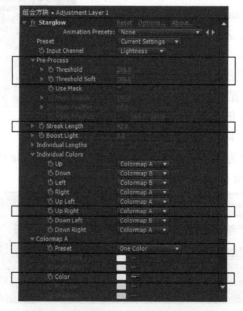

图 4-1-39　Starglow 特效的参数设置

㉟ 新建"最终合成",然后将"组合方块"、"文字 2"、"文字 1"导入,然后将"文字 1"拖到 2 秒 06 帧的起始处,将"文字 2"拖到 2 秒 14 帧的起始处,如图 4-1-40 所示。

图 4-1-40　导入相关合成并且设置起始位置

㊱ 导入"方块文字的素材"中的"背景.jpg",拖到"文字 1"的下面,然后展开其 Transform 选项,设置 Position(位置)与 Scale(大小/缩放)参数如图 4-1-41 所示。

图 4-1-41　设置图片素材的位置、大小

㊲ 使用"椭圆工具"给背景图片层绘制 Mask(遮罩),如图 4-1-42 所示。

图 4-1-42　绘制 Mask(遮罩)的形状

㊳ 展开其 Mask(遮罩)选项栏,设置 Mask Feather(遮罩羽化)的值为(180,180),如图 4-1-43 所示。

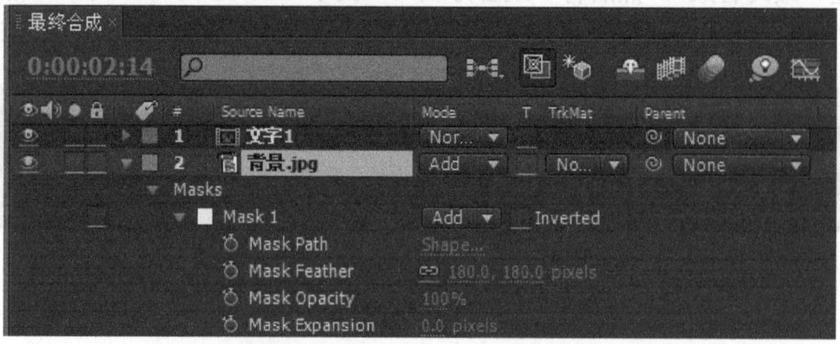

图 4-1-43　Mask（遮罩）参数设置

㊴ 本例制作完成，最终效果如图 4-1-44 所示。

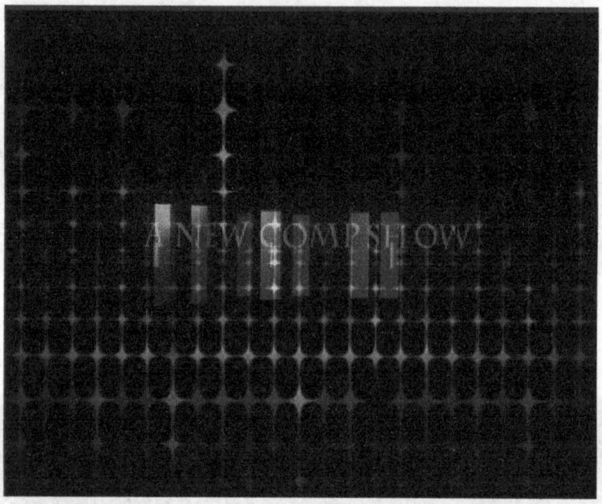

图 4-1-44　飞舞方块文字动画的最终效果图

案例小结

在本案例制作的过程中使用了多种特效，最终实现了飞舞方块文字的效果。通过学习本案例的操作，要求学习者重点掌握 Card Wipe 特效的使用方法，能把该特效与其他特效恰当的结合，实现最优的画面效果。

知识拓展

为了更好地说明 Card Wipe 特效的使用，拓展学习者的思路，这里介绍使用 Card Wipe 特效制作卡片翻转的 Logo 动画，操作方法如下。

① 输入相关的 Logo 文字，如图 4-1-45 所示。

② 使用 Effect > Transition > Card Wipe 特效，并设置相关属性，如 Y Rotation，X、Y Position，Z Rotation，Z Position，X Jitter Amount，Y Jitter

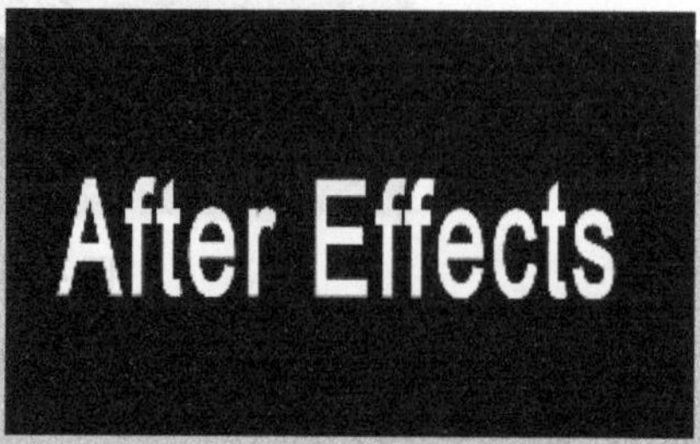

图 4-1-45　输入 Logo 文字

Amount、Z Jitter Amount、Y Rot Jitter Amount，使文字产生聚集在一起的动画效果，设置起始参数（0 帧处）如图 4-1-46、4-1-47 所示。其他关键帧设置如图 4-1-48 所示。

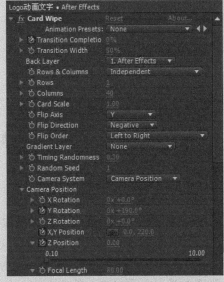

图 4-1-46　Card Wipe 相关参数设置

图 4-1-47　Card Wipe 相关参数设置

图 4-1-48　相关的关键帧动画设置

③ 新建合成，将 Logo 动画文字合成导入到新合成中，为其添加 Glow 特效，调整相关参数，设置光的颜色，如图 4-1-49 所示。

④ 添加 Lens Flare 特效，最终效果如图 4-1-50 所示。

图 4-1-49　Glow 特效的参数设置

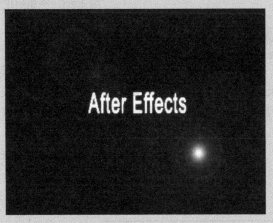

图 4-1-50　添加光效后的文字的最终效果

4.2 光影幻化文字特效的制作

学习要点

- 了解光影幻化文字制作的基本思路及相应的技巧
- 熟悉 Fractal Noise、Fast Blur、Displacement Map、Compound Blur 等特效的功能
- 掌握设定 Fractal Noise、Fast Blur、Displacement Map、Compound Blur 等特效参数的方法

案例分析

本案例通过 Fractal Noise（分形噪波）制作出可以遮住文字的光影，并设置光影从中间向右移动。用 Basic Text（基本文字）和 Fast Blur（快速模糊）等特效，制作出文字从模糊到清晰的动画，配合光影的出现。最后使用灯光层属性动画和 Displacement Map（置换图层）特效实现画面光影幻化的效果。本例最终效果，如图 4-2-1 所示。

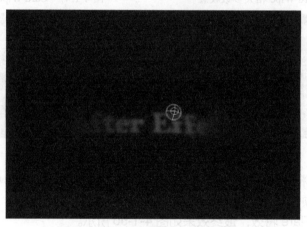

图 4-2-1 光影幻化文字的效果图

操作流程

① 启动 After Effects CS4 软件，自动创建一个 Project（项目）文件，选择菜单命令 Composition（合成）>New Composition（新合成）[1]，创建一个预置为 PAL DI/DV 的合成，将其命名为"合成"，设置时间长度为 10 秒，Composition Settings（合成设置）窗相关设置，如图 4-2-2 所示。

② 选择菜单命令 File（文件）>Save（保存）[2]，保存项目文件，将其命名为"光影幻化特效文字"。

---

1 新建合成的组合键为 Ctrl+N。
2 保存的组合键为 Ctrl+S

③ 选择菜单命令 Layer（层）>New（新建）>Solid（固态层）[1]，打开 Solid Settings（固态层设置）窗口，将固态层命名为"光影"，固态层其他参数设置，如图 4-2-3 所示。

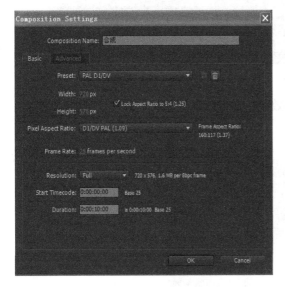

图 4-2-2　新建合成的相关设置

图 4-2-3　固态层的相关参数

④ 为"光影"层添加 Fractal Noise（分形噪波）[2]特效并且制作关键帧动画。选中"光影"层，选择菜单命令 Effect（特效）>Noise&Grain（噪点和颗粒）>Fractal Noise（分形噪波），设置 Noise Type（噪波类型）为 Spline（样条系数），Contrast（对比度）为 235，Brightness（亮度）为 10，Complexity（噪波复杂度）为 1.5。然后将时间指针移到 0 帧处，分别单击 Fractal Noise（分形噪波）特效下 Transform（转换）中的 Offset Turbulence（偏移容差值）和 Evolution（相位演变）前面的码表，并设置 Offset Turbulence（偏移容差值）为（360，288），Evolution 为（0× +0°）。在 6 秒处，将 Offset Turbulence 改为（705，288），Evolution 改为（5× +0°），如图 4-2-4 所示。关键帧设置如图 4-2-5 所示。

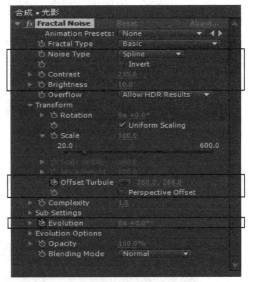

图 4-2-4　Fractal Noise（分形噪波）
相关参数设置

1　新建固态层的组合键为 Ctrl+Y。
2　Fractal Noise（分形噪波）特效可以为影片添加分形的噪波效果。一般在影片中使用此特效可以模拟一些真实的烟雾、云层或一些无规律的物体运动效果。Fractal Type（分形方式）可以设置分形的方式，Noise Type（噪波类型）设置噪波的类型，在 Transform（转换）选项下可以设置噪波的变化效果，可以通过非均衡缩放产生多种随机效果。通过 Evolution（相位演变）的参数改变，可以设置分形噪波的动画过程。

图 4-2-5　Fractal Noise（分形噪波）选项下相关属性的关键帧设置

添加 Fractal Noise（分形噪波）特效后的效果，如图 4-2-6 所示。

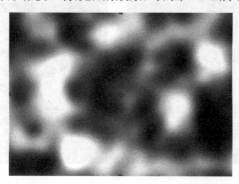

图 4-2-6　添加 Fractal Noise（分形噪波）特效后的效果图

⑤ 为"光影"层添加 Mask[1]（遮罩）。选中"光影"层，单击 Tool（工具）中的椭圆形 Mask 工具按钮，如图 4-2-7 所示。在"光影"层中画出恰当大小的遮罩[2]，单击 Mask Path（遮罩路径）右侧的 Shape，将各参数调整为如图 4-2-8 所示。

图 4-2-7　选择椭圆形

设置 Mask Feather（遮罩羽化）为（80，80），如图 4-2-9 所示。此时画面效果如图 4-2-10 所示。

图 4-2-8　Mask Shape（遮罩形状）的相应参数设置

图 4-2-9　设置 Mask Feather（遮罩羽化）的参数

1　Mask（遮罩）可以被看成是图层的一个挡板，它遮住了图层的一部分，使这一部分在画面中不可见，但是这一部分图层显示出来的并不是黑色或其他颜色，而是变成透明，具体的透明度由遮罩的灰度颜色决定，当遮罩为黑色时图像完全透明，白色为不透明，灰色为半透明。实际运用中，经常使用 Mask 层来做关键帧动画。Mask Feather 用来表示羽化边缘，可以根据实际需要调整水平羽化（Horizontal）和垂直羽化（Vertical）的参数大小，Mask Opacity 用来表示遮罩层的透明度，常用快捷键 M 来设置 Mask 的各个参数调整。

2　按快捷键 M 可以快速打开遮罩的属性。

第 4 章 文字特效的制作

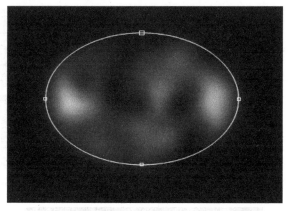

图 4-2-10 添加遮罩并调整相关参数后的效果图

⑥ 设置 Mask Path（遮罩路径）关键帧动画。将位置标尺指针移到 0 帧处，单击 Mask Path（遮罩路经）前的码表，然后将指针移到 6 秒处，双击遮罩的路径，使其变为可控外形的被选中状态，按 Shift 键[1]的同时将该 Mask（遮罩）向右拖动直至移出窗口，如图 4-2-11 所示。

⑦ 将"光影"层预合成。选中"光影"层，进行预合成操作[2]，将其命名为"光影预合成"，选中"Move all attributes into the new compositon（把层属性移动到新建的子合成文件中）"选项，单击"OK"按钮。这里进行预合成操作是为之后将其设置为置换映射层做准备，如图 4-2-12 所示。

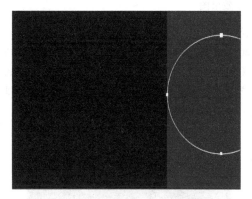 

图 4-2-11 制作 Mask Path（遮罩路经） 图 4-2-12 创建"光影预合成"层
的关键帧动画

⑧ 创建"文字"层及文字元素。按组合键 Ctrl+Y，创建一个新的黑色固态层，并命名为"文字"。选择菜单命令 Effect（特效）>Obsolete（旧版本）>Basic Text（基本文字），在弹出的"Basic Text"窗口中输入文字"After Effects"，如图 4-2-13 所示。在"文字"层的"Basic Text"特效控制面板中，设置各参数，如图 4-2-14 所示。此时的文字效果，如图 4-2-15 所示。

---

1 此处 Shift 键的作用是使 Mask（遮罩）的拖动轨迹保持水平。
2 预合成的组合键是 Ctrl+Shift+C。

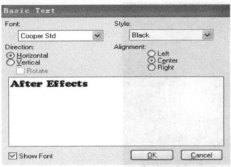

图 4-2-13 输入文字

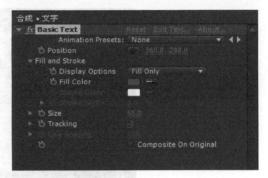

图 4-2-14 Basic Text 相关参数设置

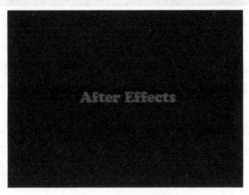

图 4-2-15 预览文字效果图

⑨ 为"文字"层添加 Fast Blur（快速模糊）特效[1]，并制作相应的关键帧动画。选中"文字"层，单击菜单命令 Effect（特效）>Blur&Sharpen（模糊&锐化）>Fast Blur（快速模糊）。将时间指针移到 3 秒处，在"文字"层的 Fast Blur（快速模糊）特效控制面板中设置 Blurriness（模糊度）为 10，然后单击 Blurriness（模糊度）前面的码表，将时间指针移到 4 秒处，将 Blurriness（模糊度）的参数改为 0，这样就制作出文字从模糊到清晰的动画，如图 4-2-16、图 4-2-17 所示。

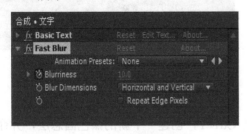

图 4-2-16 文字模糊参数设置

图 4-2-17 文字模糊的效果图

⑩ 将"文字"层预合成。选中"文字"层，按组合键 Ctrl+Shift+C 进行预合成操作，将其命名为"文字预合成"，并选中"Move all attributes into the new compositon（把层属性移动到新建的子合成文件中）"选项，单击"OK"按扭。这里进行预合成操作是为了保留原效果的同时进行项目优化、移除等操作，为其后添加 Compound Blur（混合模糊）和

---

1 Fast Blur（快速模糊）是用于大面积的快速模糊效果，Blurriness（模糊度）控制模糊的程度，Blurriness Dimensions（模糊范围）设置模糊的方向，实际运用中此特效非常广泛。

Displacement Map（置换图层）特效做准备，如图 4-2-18 所示。

图 4-2-18　创建"文字预合成"层

⑪ 为"文字预合成"层添加 Compound Blur（混合模糊）[1]特效。选中"文字预合成"层，选择菜单命令 Effect（特效）> Blur&Sharpen（模糊&锐化）>Compound Blur（混合模糊），将"Blur Layer"（模糊图层）设为"2.光影预合成"，设置 Maximum Blur（最大模糊值）为"25"，如图 4-2-19 所示。此时文字效果，如图 4-2-20 所示。

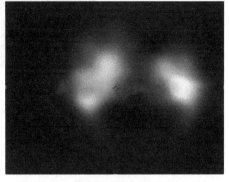

图 4-2-19　文字预合成的混合模糊参数设置　　图 4-2-20　添加混合模糊特效后的效果图

⑫ 为"文字预合成"层添加 Displacement Map（置换图层）特效[2]。选中"文字预合成"层，选择菜单命令 Effect（特效）>Distort（扭曲）>Displacement Map（置换图层），设置 Displacement Map Layer（置换层）为"2.光影预合成"，其余参数设置如图 4-2-21 所示。添加 Displacement Map（置换图层）后的效果，如图 4-2-22 所示。

---

1 Compound Blur "混合模糊"，可以用来模拟大气，如烟雾和火光，特别是映射层为动画时，效果更生动；也可以用来模拟污点和指印，还可以和其他效果，特别是 Displacement 组合时更为有效。混合模糊主要是参考某一层（可以在当前合成中选择）画面的亮度值对该层进行模糊处理，或者为此设置模糊映射层，也就是用一个层的亮度变化去控制另一个层的模糊。图像上的参考层的点亮度越高，模糊越大；亮度越低，模糊越小。Blur Layer 用来指定当前合成中的哪一层为模糊映射层，当然可以选择本层。Stretch Map to Fit：如果模糊映射层和本层尺寸不同，伸缩映射层。

2 Displacement Map（置换图层）特效主要是通过其他图层作为映射层，通过映射的像素颜色值来对本层扭曲。实际是应用映射层的某个通道值，对图像进行水平或垂直的扭曲。

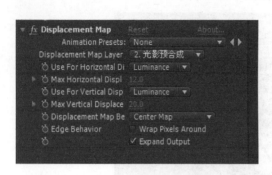
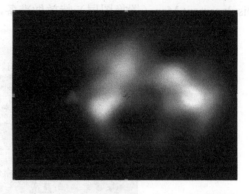

图 4-2-21　Displacement Map（置换图层）　　图 4-2-22　添加 Displacement Map（置换图层）
　　　　　　特效参数设置　　　　　　　　　　　　　　　　　特效后的预览图

⑬ 将"光影预合成"左侧的眼睛图标单击消失，此时画面效果，如图 4-2-23 所示。

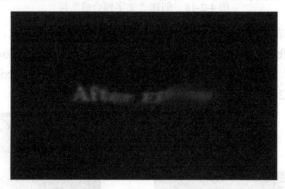

图 4-2-23　将"眼睛"取消后的效果图

⑭ 选择菜单命令 Layer（层）>New（新建）>Light（灯光层）选项，创建一个名为"灯光"的层，将 Light Type（灯光类型）设置为 Spot（斑驳），Cone Feather（灯光锥形羽化）为 80，Color 默认为白色，相关设置，如图 4-2-24 所示。

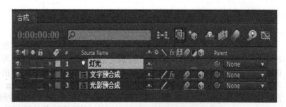

图 4-2-24　创建灯光层　　　　　　　　　　图 4-2-25　相关图标的显示状态图

⑮ 将"文字预合成"和"光影预合成"右侧的运动模糊开关 和 3D 图层开关 打开[1]，如图 4-2-25 所示。

⑯ 制作"灯光层"的关键帧动画。将"灯光"层下的 Transform（转换）打开，在 0 帧处，将 Point of Interest（目标点）和 Position（位置）前面的码表打开，并设置 Point of Interest 为（326，320，270），Position 为（360，290，0）。将时间指针移到 6 秒处，设置 Point of Interest 为（372，278，–107），Position 为（408，248，–380），如图 4-2-26 所示。本例制作完成，最终画面效果，如图 4-2-27 所示。

图 4-2-26　灯光层下的相关属性的关键帧设置

图 4-2-27　光影幻化文字的效果图

 案例小结

此案例通过设定 Fractal Noise（分形噪波）、Fast Blur（快速模糊）、Displacement Map（置换图层）、Compound Blur（混合模糊）等特效的相应参数，实现亦真亦幻的画面效果。在学习过程中，要求重点掌握 Fractal Noise 相关参数的功能。

 知识拓展

为了巩固本例所学特效方面的相关知识，这里提供制作烟飘文字的方法，供读者参考学习，具体操作方法如下。

① 创建一个预置为 PAL D1/DV 的新合成，命名为"文字"，设置时间长度为 10 秒。创建一个大小与新建合成相匹配的固态层，然后选择 Basic Text 特效，输入文字"天涯共此时"，调整 Fill Color（填充颜色）为蓝色、Size（大小）为 120，其余相关参数设置，如图 4-2-28 所示。调整后的文字效果，4-2-29 所示。

---

[1] 当设置 3D 开关或其他开关时，如果找不到开关的图标，那么这时在面板下面找到 这个按钮，此按钮是控制拨动开关与模式的切换按钮，可以单击此按钮进行切换，快捷键为 F4。

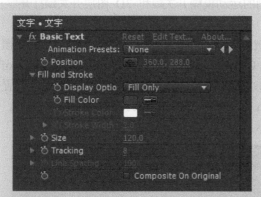

图 4-2-28　Basic Text 特效的相关参数设置

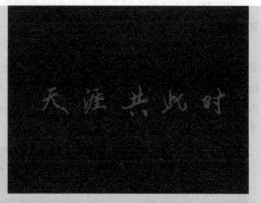

图 4-2-29　文字预览效果图

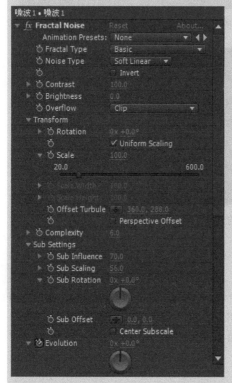

图 4-2-30　Fractal Noise 特效相关参数设置

② 按组合键 Ctrl+N，新建一个名为"噪波 1"的合成，按组合键 Ctrl+Y，新建一个名为"噪波 1"的固态层，为"噪波 1"层添加 Fractal Noise（分形噪波）特效，Fractal Type（分形类型）设置为 Basic，Noise Type（噪波类型）设置为"Soft linear"，勾选 Uniform Scale（缩放一致）选项，Evolution（演变相位）设置为（0×，+0°），其余相关参数设置，如图 4-2-30 所示。

③ 绘制一个大小与固态层等同的遮罩层，设置 Evolution（演变相位）与遮罩层的关键帧动画。在 0 秒处设置 Evolution（演变相位）为（0×，+0°）如图 4-2-31，设置后效果如图 4-2-32；在 4 秒处设置 Evolution（演变相位）为（3×，+0°），调整遮罩层大小如图 4-2-33，设置后效果如图 4-2-34 所示。

④ 最后为"噪波 1"层添加 Hue/Saturation 特效，相关参数设置如图 4-2-35 所示。

⑤ 新建一个名为"噪波 2"的合成与固态层，和"噪波 1"一样，添加 Fractal Noise（分形噪波）特效、Mask（遮罩）层、Hue/Saturation 特效，设置相关特效的关键帧动画。只是设置 Fractal Noise（分形噪波）的相关参数时，"噪波 2"的噪波效果更为明显一些。最后为其添加 Curves（曲线）特效，最终画面效果，如图 4-2-36 所示。

图 4-2-31　0 秒处的关键帧动画设置

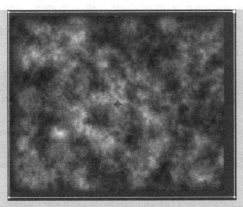

图 4-2-32　0 秒处的关键帧动画效果图

图 4-2-33　4 秒处的关键帧动画设置

图 4-2-34　4 秒处的关键帧动画效果图

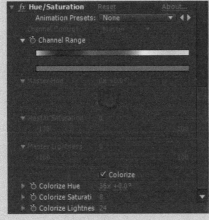

图 4-2-35　Hue/Saturation 的参数设置

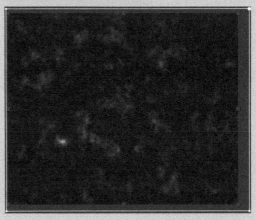

图 4-2-36　"噪波 2"的效果图

⑥ 然后创建一个名为"合成"的最终合成，将"文字"、"噪波 1"、"噪波 2"三个合成导入其中，将"噪波 1"、"噪波 2"两个合成前的显示图标取消，然后创建一个名为"背景"的固态层，如图 4-2-37 所示。

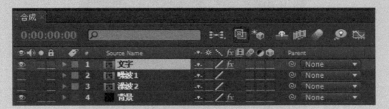

图 4-2-37　导入相关合成并且设置显示状态

⑦ 为背景层添加 Ramp（渐变）特效，相关参数设置，如图 4-2-38 所示。

⑧ 最后为"文字"合成层添加 Compound Blur 混合模糊和 Displacement Map（置换图层）特效，相关参数设置，如图 4-2-39 所示。

图 4-2-38　Ramp（渐变）特效的参数设置　　图 4-2-39　Compound Blur 和 Displacement Map 特效相关参数的设置

⑨ 最终效果如图 4-2-40 所示。

图 4-2-40　最终效果图

4.3 透视文字的制作——摄像机的使用

学习要点

- 了解摄像机和灯光层在 After Effects 中的使用方法
- 熟悉摄像机的各个参数，尤其是 Point of Interest（目标点）和 Position（位置）参数的设定方法
- 掌握灯光层参数的设置方法

案例分析

本案例重点介绍 After Effects 中摄像机的使用。通过设定摄像机的位置（Position）及目标点（Point of Interest）参数，实现文字的透视效果。为了丰富画面层次，给画面应用了灯光层，在灯光层的配合下，整个场景更有纵深感。本例最终效果如图 4-3-1 所示。

图 4-3-1　透视文字的效果图

操作流程

① 启动 After Effects CS4 软件，自动创建一个 Project（项目）文件，选择菜单命令 Composition（合成）>New Composition（新建合成）[1]，创建一个预置为 PAL DI/DV 的合成，将其命名为"透视场景"，设置 Duration（时间长度）为 10 秒。Composition Settings（合成设置）窗相关设置，如图 4-3-2 所示。保存项目文件（组合键 Ctrl+S），命名为"透视文字"。

② 选择菜单命令 Layer（层）>New（新建）>Solid（固态层）[2]，将其命名为"底层"，其中 Color 为 RGB（42，167，251）。各参数设置如图 4-3-3 所示。

---

1 新建合成的组合键为 Ctrl+N。
2 新建固态层的组合键为 Ctrl+Y。

图 4-3-2　新建合成的相关设置

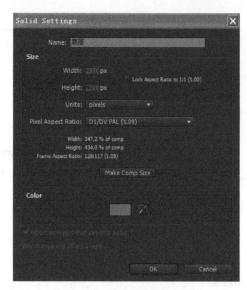

图 4-3-3　固态层的相关参数

③ 选择菜单命令 Layer（层）>New（新建）>Camera（摄像机）[1]，新建一个 Preset 为 35mm 的摄像机，并且勾选 Enable Depth of Field（景深），如图 4-3-4 所示。

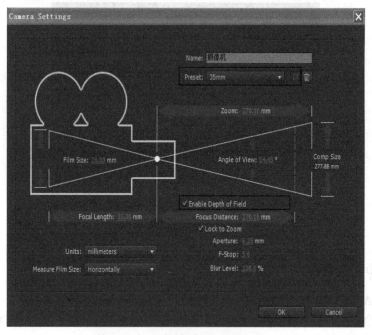

图 4-3-4　新建摄像机的相关设置

④ 将"底层"的三维开关打开，展开 Transform（转换）选项，将 Position（位置）参数设置为（360，288，30），X Rotation（X 旋转）为（0×，+87°）；然后将 Material Options（材料选项）展开，设置 Casts Shadow（投影）为 On，如图 4-3-5 所示。

---

1 在 After Effects 中，常常需要运用一个或多个摄像机来创造空间场景、观看合成空间，摄像机工具不仅可以模拟真实摄像机的光学特性，还能避免受三脚架、重力等条件的制约，在空间任意移动。

第 4 章 文字特效的制作

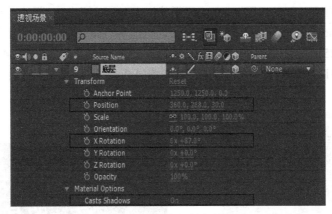

图 4-3-5　底层的相关参数设置

⑤ 对摄像机各参数进行设置。展开 Transform（转换）选项，将 Point of Interest（目标点）设置为（65，1335，830），Position（位置）为（450，250，480），X Rotation（X 旋转）为（0×，50°），Y Rotation（Y 旋转）为（0×，+20°），如图 4-3-6 所示。

⑥ 选择菜单命令 Layer（层）>New（新建）>Text（文本），创建一个文字层，输入文字"您关注的是"，在 Character（字符）面板中，将文字的颜色设为 RGB（250，254，0），大小设为 30px，其余参数如图 4-3-7 所示。

图 4-3-6　摄像机的相关参数设置　　　　　图 4-3-7　Character 相关参数设置

⑦ 将文字层的三维开关打开，展开 Transform（转换）选项，设置 Position（位置）为（325，295，720）；然后将 Material Options（材料选项）展开，设置 Casts Shadow（投影）为 On，如图 4-3-8 所示。至此效果如图 4-3-9 所示。

图 4-3-8　文字层"您关注的是"参数设置　　　　图 4-3-9　文字层的效果图

⑧ 选择菜单命令 Layer（层）>New（新建）>Light（灯光），新建一个灯光层，命名为"灯光"，设置 Light Type（灯光类型）为 Spot（斑驳），Intensity（强度）为 400%，Color 为 RGB（42，167，251），将 Point of Interest（目标点）设置为（376.5，340，800），Position（位置）设置为（316，226，524），其余参数如图 4-3-10 所示。添加"灯光"层后的效果如图 4-3-11 所示。

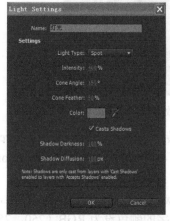

图 4-3-10　新建灯光层的相关参数设置　　　　图 4-3-11　添加"灯光"层后的效果图

⑨ 选择菜单命令 Layer（层）>New（新建）>Light（灯光），新建一个灯光层，命名为"灯光 1"，置 Light Type（灯光类型）为 Point（点状），Intensity（强度）为 350%，Color 为 RGB（42，167，251），将 Position（位置）设置为（473.5，223.9，342.4），其余参数如图 4-3-12 所示。添加"灯光 1"层后的效果如图 4-3-13 所示。

图 4-3-12　新建"灯光 1"层的相关参数设置　　　图 4-3-13　添加"灯光 1"层后的效果图

⑩ 选中文字层（"您关注的是"这一层），按组合键 Ctrl+D，复制文字层，使用 T 工具将文字选中，然后在新层中将文字改为"我们关注的是"，设置 Position（位置）为（770，260，585），Y Rotation（Y 旋转）为（0×，-75°），如图 4-3-14 所示。

⑪ 再选中文字层复制（组合键 Ctrl+D），使用 工具将文字选中，然后在新层将文字改为"他们关注的是"设置 Position（位置）为（1160，250，–55），Y Rotation（Y 旋转）为（0×–75°），如图 4-3-15 所示。

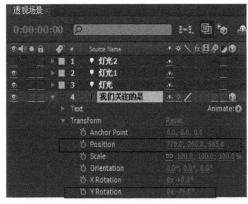

图 4-3-14　文字层"我们关注的是"参数设置　　　图 4-3-15　文字层"他们关注的是"参数设置

⑫ 选中文字层，按组合键 Ctrl+D，使用工具将文字选中，然后将文字改为"今日话题"，设置 Position（位置）为（1250，225，–725），Y Rotation（Y 旋转）为（0×，–75°），如图 4-3-16 所示。

⑬ 分别将"灯光"层和"灯光 1"层后面的 Parent 面板由 None 改为摄像机，如图 4-3-17 所示。

图 4-3-16　文字层"今日话题"参数设置

图 4-3-17　Parent 面板的设置

⑭ 将时间指针移到 0 帧位置，选择"摄像机"，展开 Transform（转换）选项，打开 Point of Interest（目标点）和 Position（位置）前面的码表，设置动画关键帧。在第 0 帧处，

设置 Point of Interest（目标点）为（65，1335，830），Position（位置）为（450，250，480）；在第 15 帧处，Point of Interest（目标点）和 Position（位置）的参数不变；在第 1 秒 20 帧处，设置 Point of Interest（目标点）为（470，1320，460），Position（位置）为（1065，195，480）；在第 2 秒 15 帧处，Point of Interest（目标点）和 Position（位置）的参数不变；在第 3 秒 15 帧处，设置 Point of Interest（目标点）为（680，1340，-310），Position（位置）为（1435，225，-85）；在第 4 秒 15 帧处，Point of Interest（目标点）和 Position（位置）的参数不变；在第 5 秒 15 帧处，设置 Point of Interest（目标点）为（625，1340，-960），Position（位置）为（1380，225，-730）。以上关键帧动画的设置主要通过摄像机的位置变化来实现镜头的变化效果，如图 4-3-18 所示。

图 4-3-18　摄像机关键帧动画参数设置

⑮ 将时间指针移到 5 秒处，选择菜单命令 Layer（层）>New（新建）>Light（灯光），新建一个灯光层，将其命名为"灯光 2"，设置 Light Type（灯光类型）为 Spot（斑驳），Intensity（强度）为 500%，Color 为 RGB（42，167，251），其余参数如图 4-3-19 所示。将 Point of Interest（目标点）设置为（1335，225，-735），Position（位置）设置为（1500，170，-720），如图 4-3-20 所示。

图 4-3-19　新建"灯光 2"层的相关参数设置　　图 4-3-20　"灯光 2"层参数设置

本例的最终效果如图 4-3-21 所示。

第 4 章 文字特效的制作

图 4-3-21 透视文字特效的效果图

案例小结

本案例通过摄像机与灯光层的配合使用，实现了立体、透视的文字效果。摄像机目标点与位置参数的设置是本例的重点，添加灯光的时机和灯光类型的选择，也很有技巧，需要学习者在操作中认真体会。通过此案例的学习，学习者可以利用摄像机制作出动感十足的特效场景。

知识拓展

为了让读者更加熟练掌握摄像机的使用，读者可以尝试制作"动感线条"，具体操作方法如下。

① 新建合成，命名为"线条"，尺寸为 1280×480，持续时间为 10 秒；然后新建固态层，命名为"线条"，尺寸为 1280×480。

② 选中固态层"线条"，选择菜单命令 Effect>Noise&Grain>Fractal Noise（分形噪波）特效，然后设置相关属性参数，如图 4-3-22 所示。

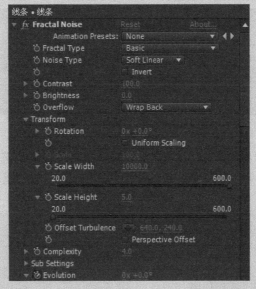

图 4-3-22 Fractal Noise（分形噪波）的参数设置

125

③ 设置 Fractal Noise（分形噪波）下的 Evolution 关键帧动画，使其呈现动态效果，如图 4-3-23 所示。

图 4-3-23　Evolution 的关键帧动画设置

④ 选择菜单命令 Effect>Color Correction>Levels 特效，然后调整相关参数，如图 4-3-24 所示。

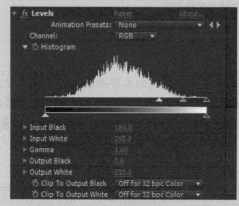 

图 4-3-24　Levels 的参数设置　　　　　图 4-3-25　Glow 特效的参数设置

⑤ 选择菜单命令 Effect>Stylize>Glow 特效，设置相关参数，如图 4-3-25 所示。

⑥ 新建合成，大小为 720×576，命名为"空间线条"，新建 50mm 的摄像机，将"线条"合成拖到新建的合成中，单击"线条"右面的 3D 开关，选中"线条"层，将其图层模式改为"Add"模式，然后按三次组合键 Ctrl+D，如图 4-3-26 所示。

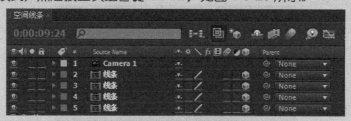

图 4-3-26　图层的 3D 显示状态

⑦ 分别选择四个"线条"层，展开其 Transform（转换）选项，设置 Position（位置）与 Orientation（方向）的参数，为之后的摄像机动画做准备，如图 4-3-27、4-3-28 所示。

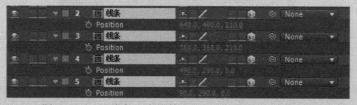

图 4-3-27　"线条"合成的 Position（位置）参数设置

图 4-3-28 "线条"合成的 Orientation（方向）参数设置

⑧ 选择 Camera 层，展开其 Transform 选项，设置 Position（位置）的参数，如图 4-3-29 所示。

图 4-3-29 摄像机的位置（Position）设置

⑨ 新建一个调节层，选择菜单命令 Layer>New>Adjustment Layer，将此层移动到四个"线条"合成之上，然后添加 Glow 辉光特效，设置相关参数如图 4-3-30 所示。

⑩ 最终完成动感线条的效果，如图 4-3-31 所示。

图 4-3-30 Glow 辉光特效参数设置　　　　图 4-3-31 最终效果图

4.4 炫彩文字特效的制作

学习要点

- 了解各种光线的合成操作流程
- 重点掌握 Wave Warp（波浪变形）和 Light Factory（光工厂）特效的使用方法

案例分析

本案例主要应用 Light Factory EZ 和 Lens Flare（镜头光晕）完成光效的制作，以光效的闪烁为切入点配合波浪线带出文字，案例的重点在于 Wave warp（波浪变形）特效和 Light Factory EZ 插件的运用及相关参数设置。本例最终效果，如图 4-4-1 所示。

图 4-4-1　炫彩文字特效的效果图

操作流程

① 启动 After Effects CS4 软件，自动创建一个 Project（项目）文件，选择菜单命令 Composition（合成）>New Composition（新合成）[1]，创建一个预置为 PAL Dl/DV 的合成，将其命名为"wenzi01"，设置 Duration（时间长度）为 5 秒，Composition Settings（合成设置）窗相关设置如图 4-4-2 所示。

② 选择菜单命令 File（文件）>Save（保存），保存项目文件，将其命名为"炫彩文字"。

③ 选择菜单命令 Layer（层）>New（新建）>Solid（固态层）[2]，打开 Solid Settings（固态层设置）窗口，将固态层命名为"wenzi01"。固态层其他参数设置如图 4-4-3 所示。

1　新建合成的组合键为 Ctrl+N。
2　新建固态层的组合键为 Ctrl+Y。

图 4-4-2　新建合成的相关参数设置

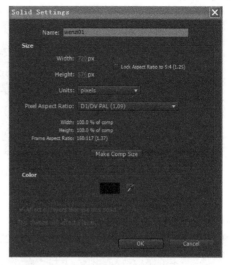

图 4-4-3　固态层的相关参数设置

④ 选中"wenzi01"层，然后选择菜单命令 Effect（特效）>Obsoltete（旧版本）>Basic Text[1]（基本文字），输入文字"COLORFUL TEXT"，单击"OK"按钮。设置 Basic Text（基本文字）参数，Position（位置）的值为（360，288），设置 Fill Color（填充颜色）为白色，Size（大小）为 54，如图 4-4-4 所示。

⑤ 选中"wenzi01"层，然后选择菜单命令 Effect（特效）>Generate（产生）>Ramp[2]（渐变），设置 Start of Ramp（渐变起始位置）为（360，255），设置 End of Ramp（渐变结束位置）为（360，280），颜色参数设置如图 4-4-5 所示。

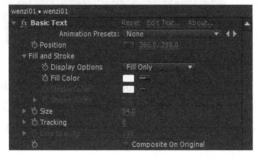

图 4-4-4　Basic Text（基本文字）特效的参数设置

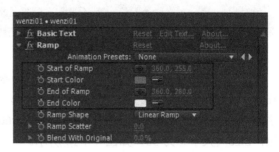

图 4-4-5　Ramp（渐变）相关参数设置

⑥ 选中"wenzi01"层，选择菜单命令 Effect（特效）>Perspective（透视）>Bevel Alpha（导角）特效，设置 Edge Thickness（边缘厚度）的值为 2.4，其余参数保持默认，如图 4-4-6 所示。至此文字效果如图 4-4-7 所示。

⑦ 按组合键 Ctrl+N，创建一个预置为 PAL Dl/DV 的合成，将其命名为"wenzi02"，设置时间长度为 5 秒，如图 4-4-8 所示。

---

1 Basic Text（基本文字）特效是 After Effects 中经常运用的基本文字调整特效，可以运用它来调整文字的字体（Font）、样式（Style）、方向(Direction)、对齐方式（Alignment）。这里需要说明的是在 After Effects CS4 中，Basic Text（基本文字）特效已经不在之前旧版本中 Effect>Text>Basic Text 下了，而是在 Effect（特效）>Obsolete（旧版本）>Basic Text（基本文字）。

2 Ramp（渐变）用来创建彩色渐变，Start of Ramp 表渐变起点的位置，Start Color 起点颜色，End of Ramp 渐变终点的位置，End Color 终点颜色，Ramp Scatter 渐变扩散，BIend With Original 表示和原图像混合，Ramp Shape 表示渐变形状（线性渐变和径向渐变）。

图 4-4-6 Bevel Alpha 相关参数设置

图 4-4-7 文字预览效果图

⑧ 按组合键 Ctrl+Y，新建固态层，将其命名为"wenzi02"，各参数设置如图 4-4-9 所示。

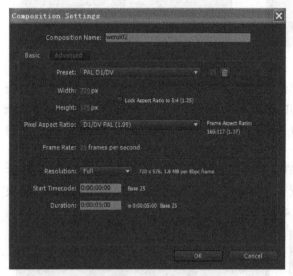

图 4-4-8 新建合成的相关参数设置

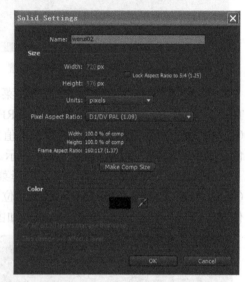

图 4-4-9 固态层的相关参数设置

⑨ 选中"wenzi02"层，然后选择菜单命令 Effect（特效）>Obsoltete（旧版本）>Basic Text（基本文字），输入文字"New Star TV"，单击"OK"按钮。设置 Basic Text（基本文字）参数，设置 Position（位置）的值为（360，340），设置 Fill Color（填充颜色）为白色，Size（大小）为 30，如图 4-4-10 所示。

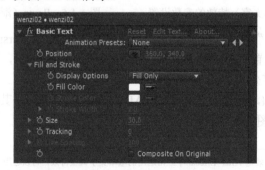

图 4-4-10 Basic Text 相关参数设置

⑩ 按组合键 Ctrl+N，创建一个预置为 PAL Dl/DV 的合成，将其命名为"光效"，设置时间长度为 5 秒，如图 4-4-11 所示。

⑪ 按组合键 Ctrl+Y，新建固态层，将其命名为"光效"，各参数设置如图 4-4-12 所示。

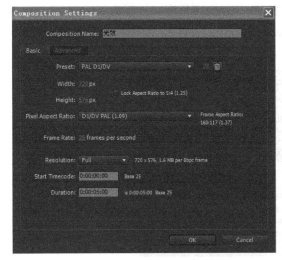

图 4-4-11 新建合成的相关参数设置

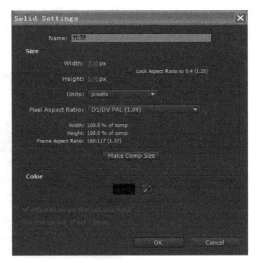

图 4-4-12 固态层的相关参数设置

⑫ 选中"光效"层，选择菜单命令 Effect（特效）>Generate（产生）>Lens Flare[1]（镜头光斑），设置 Flare Center（光斑中心）的值为（360，288），Flare Brightness（光斑明亮度）的值为 0%，如图 4-4-13 所示。

图 4-4-13 Lens Flare（镜头光晕）相关参数设置

⑬ 设置 Lens Flare（镜头光晕）关键帧动画。在第 6 帧处，单击 Flare Brightness（光源亮度）前面的码表，设置 Flare Brightness（光源亮度）的值为 0%；在第 12 帧处，设置 Flare Brightness（光源亮度）的值为 180%；在第 16 帧处，设置 Flare Brightness（光源亮度）的值为 180%；在 2 秒处，设置 Flare Brightness（光源亮度）的值为 0%，如图 4-4-14 所示。

图 4-4-14 Lens Flare（镜头光晕）的关键帧动画设置

⑭ 选中"光效"层，选择菜单命令 Effect（特效）>Knoll Light Factory[2]（光工厂特

---

1 Lens Flare（镜头光晕）特效可以模仿摄像机的镜头光晕效果。Lens Type 可以设置镜头的类型，也可以使用此项选择镜头的聚集类型，Flare Center（闪光点位置）可以设定闪光点的位置，Flare Brightness（光源亮度）设置光源亮度，Blend With Original 可以控制效果与图像的融合程度。

2 Knoll Light Factory 模拟光线的效果，最常被使用在自然光线仿真日光照射在字体或标志上，增强它们的外表，或是应用在特别的爆炸效果。它是一个非常好的光源效果工具，它提供了 25 种的光源与光晕效果，并提供及时预览功能，方便我们观看效果，另外此 25 种效果可互相搭配，并且可以将搭配好的效果储存起来，下次可直接读入使用，不须重新调配，是一个很方便使用的工具。总体来说 Knoll Light Factory 光效可以创建无限的灯光效果和眩光。

效)>Light Factory EZ,设置 Brightness(明度)的值为 0,Scale(缩放)的值为 1.3,Light Source Location(光源位置)的值为(360,288),Angle(角度)设置为(0,42°),Flare Type(光斑类型)设置为 Orangespike,Obscuration Type 设置为 RGB+Alpha,Source Size(源大小)设置为 1,如图 4-4-15 所示。

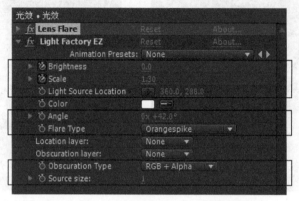

图 4-4-15 Light Factory EZ 相关参数设置

⑮ 设置 Light Factory EZ 关键帧动画。在 0 秒处,单击设置 Brightness(明度)前面的码表,设置 Brightness(明度)的值为 0%,Scale 的值为 1.3;在第 12 帧处,设置 Brightness(明度)的值为 180%,Scale 的值为 1.5;在第 16 帧处,设置 Brightness(明度)的值为 180%,Scale 的值为 1.5;在 1 秒 09 帧处,设置 Brightness(明度)的值为 206%,Scale 的值为 0.6;在 2 秒处,设置 Brightness(明度)的值为 0%,Scale 的值为 0.1,如图 4-4-16 所示。至此效果如图 4-4-17 所示。

图 4-4-16 Light Factory EZ 的关键帧动画设置

图 4-4-17 预览效果图

⑯ 按组合键 Ctrl+N,创建一个预置为 PAL Dl/DV 的合成,将其命名为"guangxian01",设置时间长度为 5 秒,如图 4-4-18 所示。

⑰ 按组合键 Ctrl+Y，新建固态层，将其命名为"guangxian01"，颜色设置为白色，各参数设置如图 4-4-19 所示。

图 4-4-18　新建合成的相关参数设置

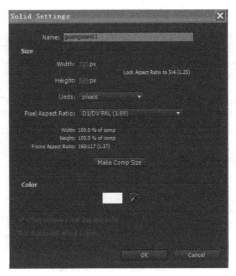

图 4-4-19　固态层的相关参数设置

⑱ 选中"guangxian01"层，使用矩形工具绘制 Mask（遮罩），如图 4-4-20 所示。

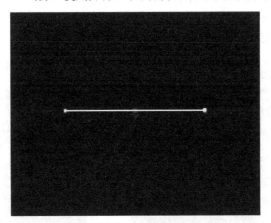

图 4-4-20　绘制 Mask（遮罩）

⑲ 展开 Mask 选项，设置 Mask Opacity（遮罩透明度）的值为 48%，Mask Feather（遮罩羽化）为（500，1），如图 4-4-21 所示。

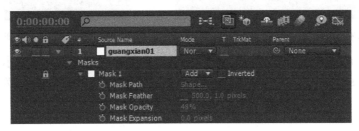

图 4-4-21　Mask（遮罩）参数设置

⑳ 选中"guangxian01"层，然后选择菜单命令 Effect（特效）>Stylize（风格化）>

Glow [1]（辉光），设置 Glow Threshold（辉光阈值）为 22%，Glow Radius（辉光半径）为 10，Glow Intensity（辉光强度）为 5，Glow Colors（辉光颜色）为 A&B Colors，设置 Color A 和 Color B 的颜色为浅蓝色和深蓝色，如图 4-4-22 所示。至此效果如图 4-4-23 所示。

图 4-4-22 Glow 相关参数设置

图 4-4-23 预览效果图

㉑ 按组合键 Ctrl+N，创建一个预置为 PAL DI/DV 的合成，将其命名为"guangxian02"，设置时间长度为 5 秒，如图 4-4-24 所示。

㉒ 按组合键 Ctrl+Y，新建固态层，将其命名为"guangxian02"，颜色设置为白色，然后各参数设置如图 4-4-25 所示。

图 4-4-24 新建合成的相关设置

图 4-4-25 固态层的相关参数

㉓ 选中"guangxian02"层，使用矩形工具绘制 Mask，如图 4-4-26 所示。

㉔ 展开 Mask 选项，设置 Mask Opacity 的值为 48%，Mask Feather 为（500，1），如图 4-4-27 所示。

---

1 Glow 称为"发光效果"，经常用于图像中的文字和带有 Alpha 通道的图像，产生发光效果。Glow Base on：选择发光作用通道，可以选择 Color Channel（颜色通道）和 Alpha Channel（Alpha 通道），Glow Threshold 设置发光程度，Glow Radius 设置发光半径，Glow Intensity 设置发光密度。

第4章 文字特效的制作

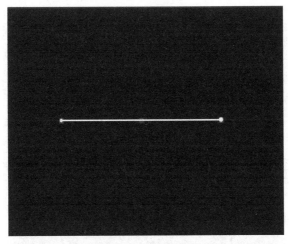

图 4-4-26　绘制 Mask

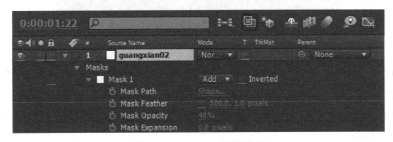

图 4-4-27　Mask 参数设置

㉕ 选中"guangxian02"层，然后选择菜单命令 Effect（特效）>Stylize（风格化）>Glow（辉光），设置 Glow Threshold（辉光阈值）为 22%，Glow Radius（辉光半径）为 10，Glow Intensity（辉光强度）为 5，Glow Colors（辉光颜色）为 A&B Colors，设置 Color A 和 Color B 的颜色为浅蓝色和深蓝色，如图 4-4-28 所示。

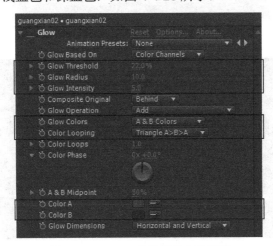

图 4-4-28　Glow 特效相关参数设置

㉖ 按组合键 Ctrl+N，创建一个预置为 PAL Dl/DV 的合成，将其命名为"光线 01 组"，设置时间长度为 5 秒，如图 4-4-29 所示。

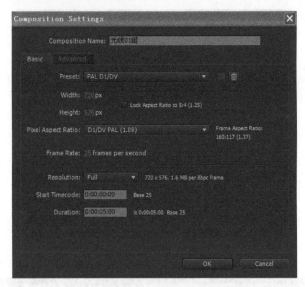

图 4-4-29　新建合成的相关参数设置

㉗ 导入两次"guangxian01"。在第 5 帧处单击 Scale（大小）前面的关键帧，分别设置参数为（10%，10%）；在第 15 帧处，单击 Position（位置）、Rotation（旋转）前面的关键帧，然后分别设置两个 Position 均为（360，288），设置两个 Scale（大小）均为 36%，设置两个 Rotation 均为（0，105°）；在 2 秒 05 帧处，参数设置如图 4-4-30 所示。至此效果如图 4-4-31 所示。

图 4-4-30　相关的关键帧动画设置

图 4-4-31　预览效果图

㉘ 按组合键 Ctrl+N，创建一个预置为 PAL Dl/DV 的合成，将其命名为"光线 02 组"，设置时间长度为 5 秒，如图 4-4-32 所示。

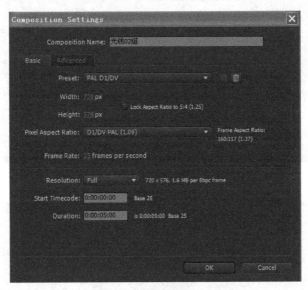

图 4-4-32　新建合成的相关设置

㉙ 导入四次"guangxian02"到光线 02 组的合成面板中,分别在第 5 帧、13 帧、21 帧、1 秒 06、1 秒 24 帧和 2 秒 05 帧设置关键帧动画,主要实现光线的动态效果,如图 4-4-33~38 所示。至此,观察到监视窗中的效果如图 4-4-39 所示。

图 4-4-33　第 5 帧处的关键帧设置

图 4-4-34　第 13 帧的关键帧设置

图 4-4-35　第 21 帧处的关键帧设置

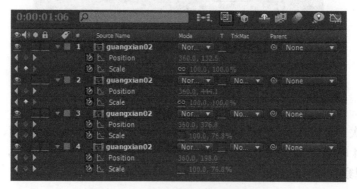

图 4-4-36　1 秒 06 帧处的关键帧设置

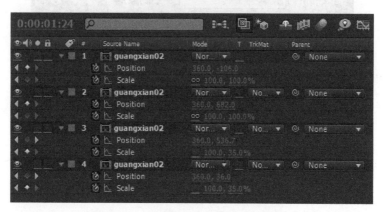

图 4-4-37　1 秒 24 帧处的关键帧设置

图 4-4-38　2 秒 05 帧处关键帧的设置

图 4-4-39　预览效果图

㉚ 按组合键 Ctrl+N，创建一个预置为 PAL Dl/DV 的合成，将其命名为"光线组"，设置时间长度为 5 秒，如图 4-4-40 所示。

图 4-4-40　新建合成的相关设置

㉛ 将"光线 01 组"、"光线 02 组"导入到光线组的合成中，如图 4-4-41 所示。

图 4-4-41　导入"光线 01 组"、"光线 02 组"合成

㉜ 按组合键 Ctrl+N，创建一个预置为 PAL Dl/DV 的合成，将其命名为"langxian01"，设置时间长度为 5 秒，如图 4-4-42 所示。

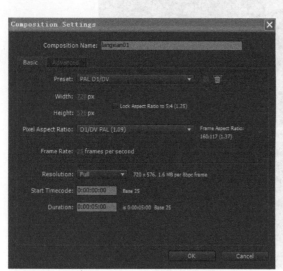
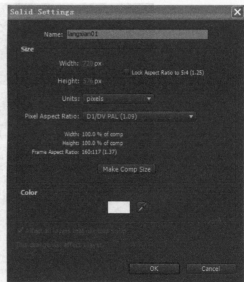

图 4-4-42　新建合成的相关设置　　　　　图 4-4-43　固态层的相关参数

㉝ 按组合键 Ctrl+Y，将其命名为"langxian01"，颜色为白色，各参数设置如图 4-4-43 所示。

㉞ 选中"langxian01"层，使用"矩形工具"为其绘制 Mask（遮罩），如图 4-4-44 所示。

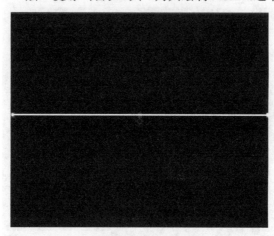

图 4-4-44　绘制 Mask

㉟ 展开 Mask（遮罩）选项，设置 Mask Opacity（遮罩不透明度）的值为 50%，Mask Feather（遮罩羽化）的值为（500，1），如图 4-4-45 所示。

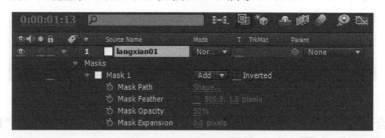

图 4-4-45　Mask 参数设置

㊱ 选中"langxian01"层,选择菜单命令,Effect(特效)>Distort(扭曲)>Wave Warp(波浪变形)[1],然后设置 Wave Height(波高)的值为 24,Wave Width(波宽)的值为 210,Wave Speed(波速)的值为 1.5,Phase(相位)的值为(0×,-25°),最后设置 Antialiasing(Best Quality)(抗锯齿失真(最好质量))为 High,如图 4-4-46 所示。

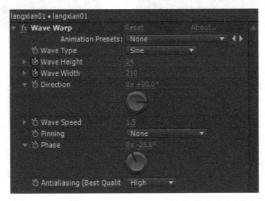

图 4-4-46　Wave Warp(波浪变形)相关参数设置

㊲ 设置关键帧动画。在 0 秒处,单击 Wave Height(波高)和 Wave Width(波宽)前面的关键帧,在 2 秒处,设置 Wave Height(波高)的值为 0,Wave Width(波宽)的值为 272,如图 4-4-47 所示。至此效果如图 4-4-48 所示。

图 4-4-47　Wave Warp 的相关关键帧动画设置

图 4-4-48　预览效果图

㊳ 按组合键 Ctrl+N,创建一个预置为 PAL D1/DV 的合成,将其命名为"langxian02",设置时间长度为 5 秒,如图 4-4-49 所示。

㊴ 按组合键 Ctrl+Y,将其命名为"langxian02",颜色为白色,各参数设置如图 4-4-50 所示。

---

1 Wave Warp 称为"波浪变形",可以设置自动的飘动或波浪效果。

图 4-4-49　新建合成的相关参数设置

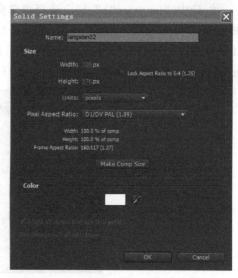

图 4-4-50　固态层的相关参数设置

㊵ 选中"langxian02"层,使用"矩形工具"为其绘制 Mask(遮罩),如图 4-4-51 所示。

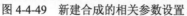

图 4-4-51　绘制 Mask

㊶ 展开 Mask(遮罩)选项,设置 Mask Opacity(遮罩不透明度)的值为 50%,Mask Feather(遮罩羽化)的值为(500,1),如图 4-4-52 所示。

图 4-4-52　Mask 参数设置

㊷ 选中"langxian02"层,选择菜单命令,Effect(特效)>Distort(扭曲)>Wave Warp(波浪变形),然后设置 Wave Height(波高)的值为 35,Wave Width(波宽)的值为 210,

Wave Speed（波速）的值为 1.0，Phase（相位）的值为（0×，-0°），最后设置 Antialiasing（Best Quality）（抗锯齿失真（最好质量））为 High，如图 4-4-53 所示。

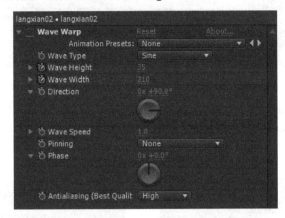

图 4-4-53 Wave Warp（波浪变形）参数设置

㊸ 设置关键帧动画。在 0 秒处，单击 Wave Height（波高）和 Wave Width（波宽）前面的关键帧；在 2 秒处，设置 Wave Height（波高）的值为 0，Wave Width（波高）的值为 272，如图 4-4-54 所示。

图 4-4-54 关键帧动画设置

㊹ 按组合键 Ctrl+N，创建一个预置为 PAL Dl/DV 的合成，将其命名为"波浪组"，设置时间长度为 5 秒，如图 4-4-55 所示。

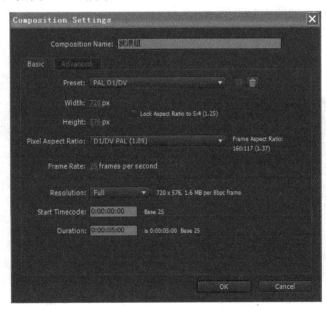

图 4-4-55 新建合成的相关设置

㊺ 将"langxian01"、"langxian02"导入到波浪组的合成中,如图 4-4-56 所示。

图 4-4-56　导入合成

㊻ 分别给"langxian01"、"langxian02"添加 Glow 特效。选择菜单命令 Effect(特效)> Stylize(风格化)>Glow(辉光)特效,参数设置分别如图 4-4-57、4-4-58 所示。至此效果如图 4-4-59 所示。

   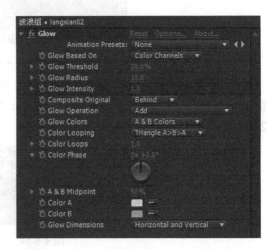

图 4-4-57　"langxian01"的 Glow 特效参数设置　　图 4-4-58　"langxian02"的 Glow 特效参数设置

㊼ 按组合键 Ctrl+N,创建一个预置为 PAL D1/DV 的合成,将其命名为"最终合成",设置时间长度为 5 秒,如图 4-4-60 所示。

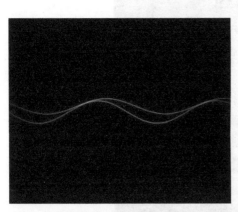   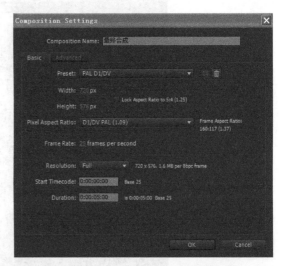

图 4-4-59　预览效果图　　　　　　　　　图 4-4-60　新建合成的相关参数设置

㊽ 将“wenzi01”、“wenzi02”、“光效”，“波浪组”、“光线组”导入到时间线面板中，然后将“光效”、“光线组”的模式改为“Add”，如图 4-4-61 所示。

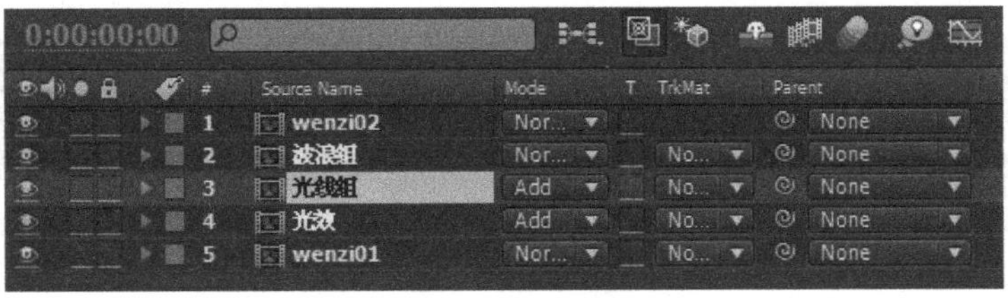

图 4-4-61 设置叠加模式

㊾ 选中“光线组”层，选择菜单命令 Effect（特效）>Time（时间）>Echo（时间延迟）[1]特效，设置 Echo Time（延迟时间）的值为-0.05，Number of Echos（延续画面的数量）的值为 3，Starting Intensity（延续画面的透明度）的值为 1，Decay（延续画面的透明比例）的值为 0.58，如图 4-4-62 所示。

㊿ 选中“wenzi01”层，使用矩形工具，绘制 Mask（遮罩），如图 4-4-63 所示。

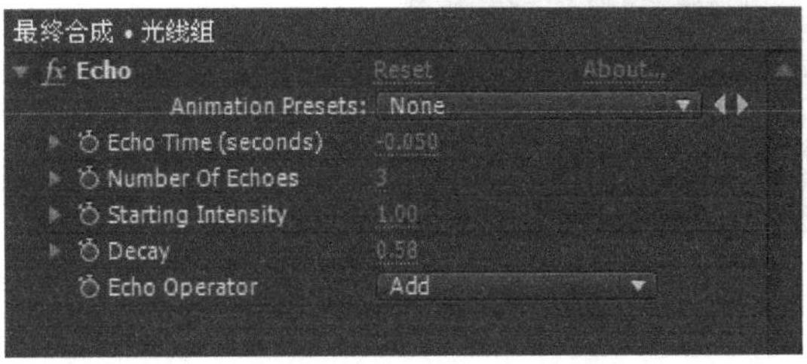

图 4-4-62 Echo（时间延迟）特效的参数设置

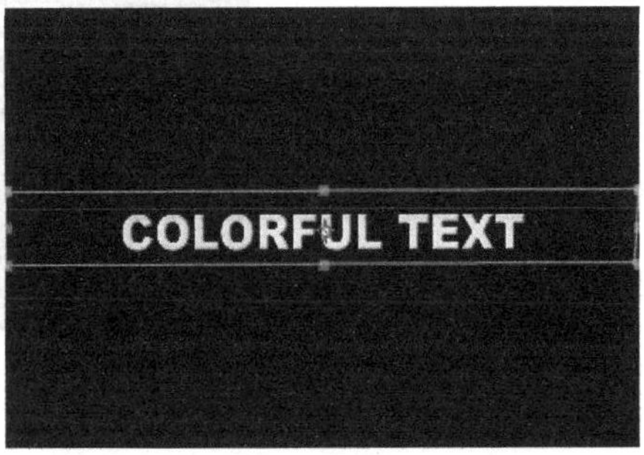

图 4-4-63 绘制 Mask（遮罩）

(51) 分别在 16 帧和 1 秒 24 帧处，设置 Mask（遮罩）关键帧动画，如图 4-4-64、4-4-65 所示。

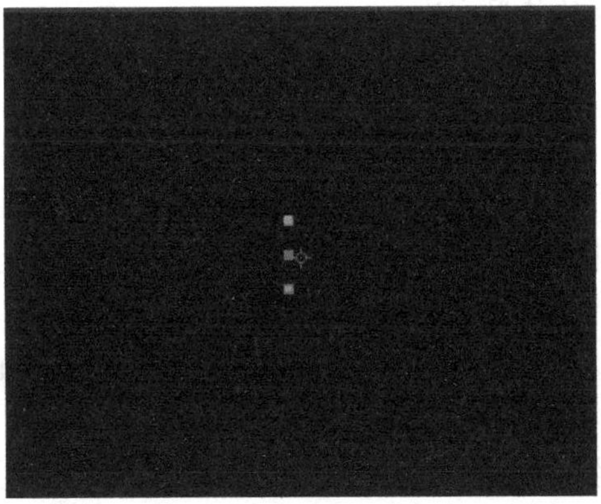

图 4-4-64 16 帧处设置 Mask（遮罩）关键帧动画

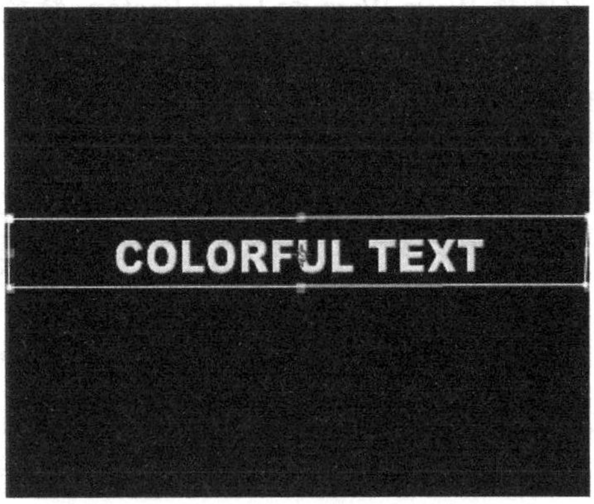

图 4-4-65 在 1 秒 24 帧处设置 Mask（遮罩）关键帧动画

1 Echo 称为“画面延续”或“时间延迟”，类似于声音效果里的回声效果，可以营造一种虚幻的感觉。而且，延续的画面可以比原画面早。Echo 效果针对包含运动的画面，而且忽略遮罩和以前应用的特技效果。

㊾ 设置"wenzi02"、"波浪组"、"光线组"层的 Opacity（不透明度）关键帧动画，如图 4-4-66 所示。本例制作完成，最终效果如图 4-4-67 所示。

图 4-4-66　Opacity（不透明度）关键帧动画设置

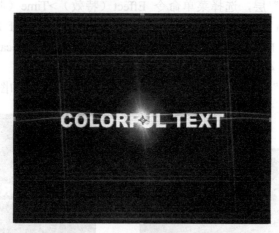

图 4-4-67　炫彩文字特效的最终效果图

 案例小结

本案例通过各种光效的配合使用，最终实现了超炫的文字效果。经过本例的学习，读者要掌握 Wave Warp 和 Light Factory 特效具体参数的使用方法。

 知识拓展

此外，Light Factory 特效与其他特效结合也可以实现多种炫目的效果，为了拓展读者思维，这里利用 Fractal Noise（分形噪波）、Light Factory 等特效制作一个炫动的光效，具体操作方法如下。

① 按组合键 Ctrl+N 创建名为"圆 1"的合成，然后新建固态层，为固态层添加 Fractal Noise（分形噪波），设置相关参数，如图 4-4-68、4-4-69 所示。

② 新建合成"圆 2"，将"圆 1"合成导入到新建的"圆 2"合成中，使用"矩形工具"为其绘制 Mask（遮罩），设置 Mask Feather（遮罩羽化）参数，如图 4-4-70 所示。

③ 新建合成"圆 3"，将"圆 2"合成导入到新建的"圆 3"合成中，选择菜单命令 Effect（特效）>Distort（扭曲）>Polar Coordinates（极坐标），设置相关参数，如图 4-4-71 所示。效果如图 4-4-72 所示。

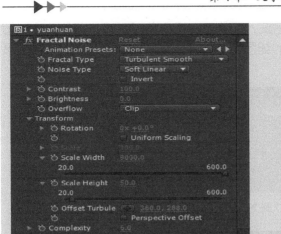
图 4-4-68　Fractal Noise 参数设置

图 4-4-69　预览效果图

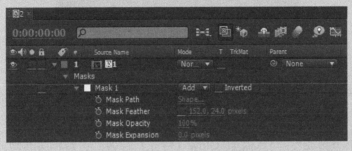
图 4-4-70　Mask（遮罩）参数设置

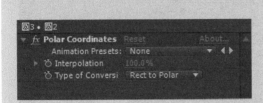
图 4-4-71　极坐标参数设置

图 4-4-72　预览效果图

④ 选中"圆 2"层，展开其 Transform（转换）选项，设置 Rotation（旋转）关键帧动画，如图 4-4-73 所示。

图 4-4-73　Rotation（旋转）关键帧动画设置

⑤ 在"圆 3"合成中,选中"圆 2"合成,连按三次组合键 **Ctrl+D**,复制三个"圆 2",然后打开四个"圆 2"合成的 3D 开关,如图 4-4-74 所示。设置每个圆的位置,效果如图 4-4-75 所示。

图 4-4-74　复制三个"圆 2"及打开 3D 开关

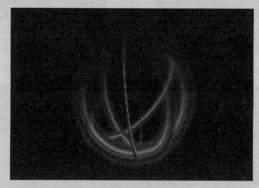

图 4-4-75　预览效果图

⑥ 选中四个"圆 2",为其添加 Glow(辉光)特效,设置相关参数,如图 4-4-76、4-4-77 所示。

 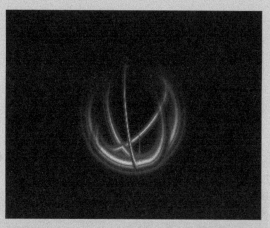

图 4-4-76　Glow(辉光)特效参数设置　　图 4-4-77　添加 Glow(辉光)特效后的效果图

⑦ 新建一个名为"背景"的固态层,添加 Light Factory(光工厂)、Hue/Saturation(色相/饱和度)、Strobe Light(闪光)等特效,相关参数设置,如图 4-4-78、4-4-79 所示。最终效果如图 4-4-80 所示。

第 4 章　文字特效的制作

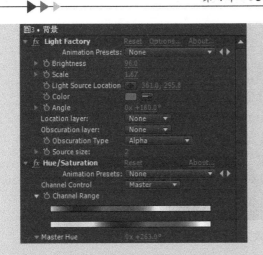

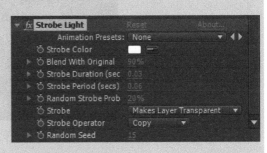

图 4-4-78　Light Factory（光工厂）与 Hue/Saturation （色相/饱和度）

图 4-4-79　Strobe Light（闪光）参数设置

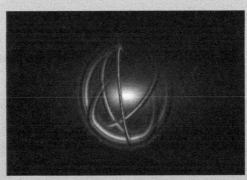

图 4-4-80　最终效果图

4.5　粒子特效文字的制作

学习要点

- 了解制作粒子动画的基本思路及相关操作技巧
- 熟悉 Particular（粒子）、Glow（辉光）特效的功能
- 掌握 Particular（粒子）、Glow（辉光）特效的具体参数设置

案例分析

本案例通过 Ramp（渐变）特效制作出背景层，运用 Basic Text（基本文字）、Particular （粒子）、Glow（辉光）等特效制作出文字五彩缤纷的动画效果，通过设置 Particular（粒子）特效的参数来实现粒子的汇集动画，最后加上 Glow（辉光）特效使粒子更加鲜亮。本例最终效果如图 4-5-1 所示。

图 4-5-1 粒子特效文字的效果图

 操作流程

① 启动 After Effects CS4 软件，自动创建一个 Project（项目）文件，选择菜单命令 Composition（合成）>New Composition（新建合成）[1]，创建一个预置为 PAL D1/DV 的合成，将其命名为"合成"，设置时间长度为 10 秒，Composition Settings（合成设置）窗口相关参数设置，如图 4-5-2 所示。

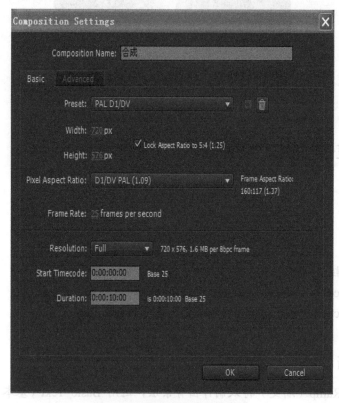

图 4-5-2 新建合成的相关设置

---

1 新建合成的组合键为 Ctrl+N。

② 选择菜单命令 File（文件）>Save（保存），保存项目文件，将其命名为"粒子特效文字"。

③ 选择菜单命令 Layer（层）>New（新建）>Solid（固态层）[1]，打开 Solid Settings（固态层设置）窗口，将固态层命名为"背景"，固态层其他参数设置，如图 4-5-3 所示。

图 4-5-3　固态层的相关参数

④ 选中背景层，选择菜单命令 Effect（特效）>Generate（生成）>Ramp（渐变）[2]，在 Ramp（渐变）特效中设置 Start of Ramp（渐变开始位置）为（360，169），Start Color（开始色彩）为 RGB（19，10，251），设置 End of Ramp（渐变结束位置）为（360，644），End Color（结束色彩）为 RGB（0，0，0），设置 Ramp Shape（渐变外形）为 Linear Ramp（线性渐变），如图 4-5-4 所示，此时画面效果，如图 4-5-5 所示。

图 4-5-4　Ramp（渐变）参数设置

图 4-5-5　添加 Ramp（渐变）特效后的效果图

---

1 新建固态层的组合键为 Ctrl+Y。
2 Ramp（渐变）用来创建彩色渐变，Start of Ramp（渐变开始位置）设置渐变起点的位置，Start Color（开始颜色）设置起点颜色，End of Ramp（渐变的结束位置）设置渐变终点的位置，End Color（结束颜色）设置终点颜色，Ramp Scatter（渐变扩）设置渐变扩散，BIend With Original（与原图像混合）表示和原图像混合，Ramp Shape（渐变外形）表示渐变形状（线性渐变和径向渐变）。

图4-5-6 输入文字

⑤ 新建文字层。在"合成"的时间线面板内，选择菜单命令 Layer（层）>New（新建）>Solid（固态层），命名为"文字"，然后选中此文字层，选择菜单命令 Effect（特效）>Obsolete（旧版本）>Basic Text（基本文字），Font（字体）选 FangSong_GB2312，输入文字"缤纷时节"，其他参数如图4-5-6所示。

⑥ 在文字层的 Basic Text（基本文字）的特效面板中设置各参数。设置 Display Options（显示选项）为 Fill Over Stroke（填充覆盖描边），Fill Color（填充颜色）为 RGB（255，175，229），如图4-5-7所示。Stroke Color（描边颜色）为白色，Stroke Width（描边宽度）为 4.5，Size（大小）为 110，Tracking（字间隙）为 8，如图4-5-8所示。

图4-5-7 Fill color（填充颜色）设置

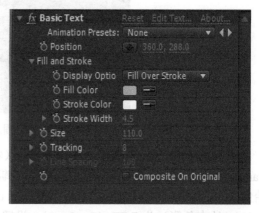

图4-5-8 Basic Text（基本文字）相关参数设置

⑦ 预合成"文字"层。选中"文字"层，然后进行预合成操作[1]，然后命名为"文字预合成"并选中"Move all attributes into the new compositon"（把层属性移动到新建的子合成文件中）选项，再单击"OK"按扭，如图4-5-9所示。

⑧ 选中"文字预合成"层，按组合键 Ctrl+D，选中新建的层按 Enter 键，改名为"文字粒子效果"，单击"文字预合成"左侧的眼睛图标，接着单击"文字预合成"右侧的 3D 开关，再单击"文字预合成"和"文字粒子效果"右侧的运动模糊开关。如图4-5-10所示。

⑨ 为"文字粒子效果"层添加 Particular 特效[2]。选中"文字粒子效果"层，选择菜单命令 Effect（特效）>Trapcode>Particular（粒子），然后设置各参数，将 Emitter（发射器）下拉列表中的 Particle/Sec（粒子数量/秒）设置为 190000，将 Emitter Type（发射器类型）调为 Layer（图层），将 Direction（方向）设置为 Bi-Directional（双向），Direction Spread

---

1 组合键 Ctrl+Shift+C 可以快速实现预合成。
2 Particular 是 Trapcode 公司开发的经典的 AE 粒子插件，该插件可以通过发射器子系统、粒子系统、物理系统等方面的控制，制作出各种粒子的发散、漂浮、和变形等动画特效。此插件需要安装到 Adobe After Effects CS4>Support Files>Plug-ins>Trapcode。

第4章 文字特效的制作

图 4-5-9　文字预合成

图 4-5-10　开关设定

（方向扩展）设置为 54，设置 Velocity（速度）为 1000，Velocity Random（随机速度）设为 14，Velocity from Motion（初始化速度）设为 14。在 Layer Emitter 下拉选项中，将 Layer 调为文字预合成，将 Layer Sampling（图层取样）设为 Particle Birth Time（粒子生成时间），Layer RGB Usage（使用图层的 RGB）设为 RGB-Particle Color（RGB-粒子颜色）"，如图 4-5-11、4-5-12 所示。

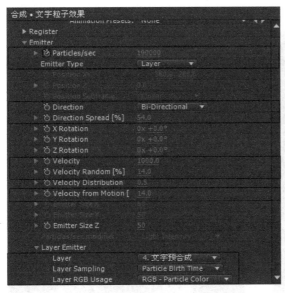

图 4-5-11 相关参数设置

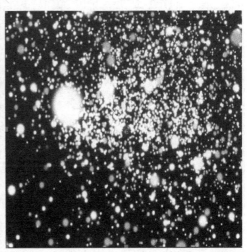

图 4-5-12　添加 Particular（粒子）特效后的效果图

⑩ 展开 Particle（粒子）选项，设置 Life[Sec]（寿命[秒]）为 2.5，Life Random（随机寿命）设置为 56，将（Particle Type）粒子类型调为 Sphere（球体），Sphere Feather（球体羽化）设置为 50，Size（粒子大小）为 2，Size Random（随机大小）设置为 68，然后将 Opacity（透明度）设为 100，将 Opacity Random（随机透明度）设为 55，最后将 Color Random（随机色彩）设为 40，如图 4-5-13、4-5-14 所示。

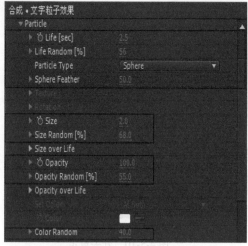
图 4-5-13 相关参数设置

图 4-5-14 调整相关参数后的效果图

⑪ 展开 Physics（物理）选项，将 Physics Model（物理模式）调为 Air。然后展开 Physics（物理）下的 Air（空气）选项，将 Air Resistance（空气阻力）设为 1000，Spin Amplitude（自旋振幅）设为 35，Spin Frequency（自旋频率）设为 14。然后展开 Air 选项下的 Turbulence Field（漩涡范围），设置其中的 Affect Size（影响范围）为 35，Affect Position（影响位置）设为 1000，Scale（比例）设置为 10，Complexity（复杂度）设为 3，Evolution Speed（演化速度）设置为 65，如图 4-5-15、4-5-16 所示。

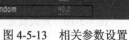

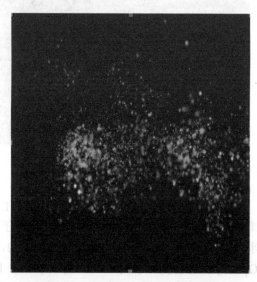

图 4-5-15 相关参数设置　　　　图 4-5-16 调整相关参数后的效果图

⑫ 制作"文字粒子效果"层的关键帧动画，实现粒子的动态效果。将时间指针移到 0 帧处，可以观察到 Emitter（发射器）选项下的 Particles/sec（粒子数量/秒）、Physics（物理）中 Air 选项下的 Spin Amplitude（自旋振幅）、Physics（物理）中 Air 选项下的 Turbulence Field（漩涡范围）中的 Affect Size（影响范围）和 Affect Position（影响位置）的相应参数，保持此参数不变，分别单击这些属性前面的码表，如图 4-5-17 所示。

图 4-5-17　0 帧处的关键帧设置

⑬ 将时间指针移到 3 秒处，将 Particles/sec（粒子数量/秒）的参数设置为 0，如图 4-5-18 所示。

图 4-5-18　3 秒处关键帧设置

⑭ 将时间指针移到 5 秒处，设置 Spin Amplitude（自旋振幅）为 0，Affect Size（影响范围）设置为 7，Affect Position（影响位置）设置为 0，如图 4-5-19 所示。至此效果如图 4-5-20 所示。

图 4-5-19　5 秒处关键帧设置

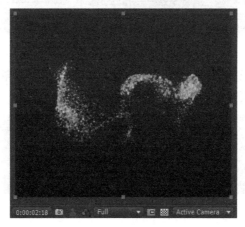

图 4-5-20　预览效果图

⑮ 为了让粒子更加鲜亮，给"文字粒子效果"层添加 Glow（辉光）特效。选择菜单命令 Effect（特效）>Stylize（风格化）>Glow（辉光），将其中的 Glow Threshold（辉光阈值）设置为 80，将 Glow Radius（辉光半径）设置为 18，Glow Intensity（辉光强度）设置为 1.2，将 Glow Colors 调为 Original Colors（原始颜色），如图 4-5-21、4-5-22 所示。

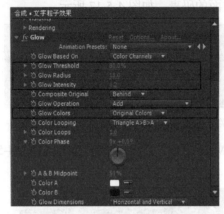
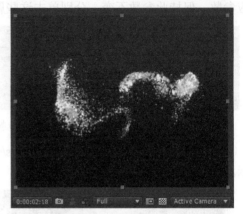

图 4-5-21　Glow（辉光）相关参数设置　　　　图 4-5-22　添加 Glow（辉光）后的效果图

⑯ 制作文字的淡入动画。选中"文字预合成"，然后按组合键 Ctrl+D，复制一层，命名为"文字预合成 1"，单击"文字预合成 1"前的"眼睛"标志，开启其可视化状态，如图 4-5-23 所示。

图 4-5-23　图层的显示状态

⑰ 选中"文字预合成 1"，在 4 秒 15 帧处，按快捷键 T，将 Opacity（透明度）的参数设置为 0，然后单击左侧的码表，将时间指针移到 5 秒 20 帧处，将 Opacity（透明度）的参数设置为 100，如图 4-5-24 所示。

图 4-5-24　4 秒 15 帧处关键帧设置

⑱ 最后将"文字粒子效果"层的图层模式改为 Lighten（变亮）模式，将"文字预合成 1"层改为 Add（叠加）模式，如图 4-5-25 所示。

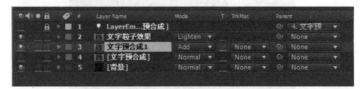

图 4-5-25　调整图层模式

本例制作完成，最终效果如图 4-5-26 所示。

第 4 章 文字特效的制作

图 4-5-26　粒子特效文字的最终效果图

案例小结

粒子是 After Effects 中需要重点掌握的特效。本案例中所使用的 Particular 是设置粒子动画首选的特效之一。通过本案例的学习，需要重点掌握 Particular 特效的参数设置，熟悉该特效和其他特效结合使用的方法。

知识拓展

读者可以利用 Particular 制作许多绚丽的特效，如粒子的轨迹动画，具体操作方法如下。
① 新建合成取名为"粒子光效"参数设置如图 4-5-27 所示。

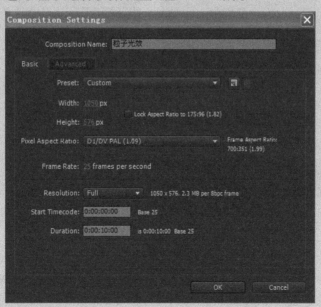

图 4-5-27　新建合成的相关参数设置

② 新建与合成同大的固态层，取名叫"背景"，为其添加 Ramp（渐变）特效，参数设置如图 4-5-28 所示。

③ 新建灯光层，命名为 **"Light1"**，如图 4-5-29 所示。

图 4-5-28　Ramp 参数设置

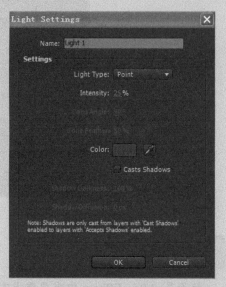

图 4-5-29　新建灯光层的相关参数设置

④ 新建与合成同大的固态层取名叫 **"粒子 1"**，并为其添加 Particular（粒子）特效，参数设置如图 4-5-30、4-5-31 所示。

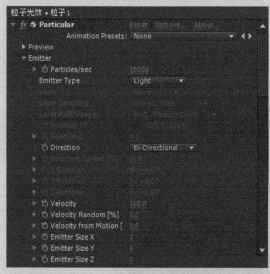

图 4-5-30　Particular 相关参数设置（1）

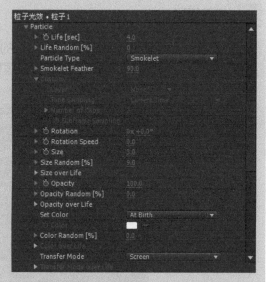

图 4-5-31　Particular 相关参数设置（2）

⑤ 为 "粒子 1" 层添加 Starglow 特效，参数设置如图 4-5-32 所示。

⑥ 新建空物体层，并打开 3D 开关，然后为空物体层添加 Separate XYZ Position 特效，展开 Separate XYZ Position 特效的 X Position、Y Position、Z Position 属性，为 X Position 属性添加表达式[1] "wiggle(0.7, 750)"、为 Y Position 属性添加表达式 "wiggle(0.4, 450)"、为 Z Position 属性添加表达式 "wiggle(0.2, 1000)"，在选中空物体层的情况下按 P

---

[1] 添加表达式的方法是按住 Alt 键，鼠标单击 X Position 前面的码表，然后在右侧出现的表达式输入框中输入表达式。

图 4-5-32 Starglow 特效参数设置

键，展开此层的 Position 属性并添加表达式 **"value + [effect("Separate XYZ Position") ("X Position"), effect("Separate XYZ Position")("Y Position"), effect("Separate XYZ Position") ("Z Position")]"**，如图 4-5-33 所示。

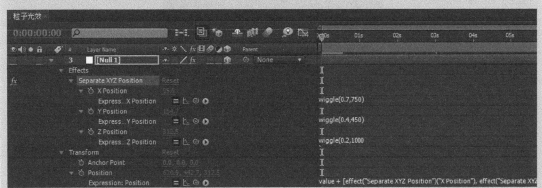

图 4-5-33 Separate XYZ Position 特效的相关参数设置

⑦ 选择"Light1"灯光层，按 P 键展开 Position 属性，为 Position 属性添加表达式并连接到"Null 1"层的 Position 属性上，也可以直接输入表达式"thisComp.layer("Null 1").transform.position"，如图 4-5-34 所示。

图 4-5-34 灯光层的参数设置

⑧ 新建摄像机层，再新建空物体层，命名为"Null2"，为"Null2"层的 Y Rotation 属性添加关键帧动画，在 0 秒处设置为 0°，在 10 秒处设置为 27°，如图 4-5-35 所示。

⑨ 选择摄像机层，将摄像机层的 Parent 属性设置为"Null2"层，选择"粒子 1"层，按组合键 Ctrl+D 复制一层命名为"粒子 2"层，修改 Particular 特效参数，如图 4-5-36 所示。

⑩ 将"粒子2"层的 Particular 特效的 Position XY 属性添加表达式，连接到"Null 1"层的 Position 属性上，如图 4-5-37 所示。最终效果如图 4-5-38 所示。

图 4-5-35　Null2 层的关键帧设置

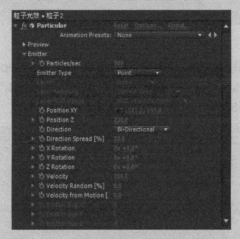

图 4-5-36　Particualr 参数设置

图 4-5-37　Position XY 的表达式设置

图 4-5-38　最终效果图

第 4 章 文字特效的制作

4.6 绚丽扫光文字的制作

学习要点

- 了解制作绚丽扫光文字的基本思路及相应技巧
- 熟悉 Ramp、Shatter、Shine、Lens Flare 四种特效的功能
- 掌握 Ramp、Shatter、Shine、Lens Flare 参数的调整方法

案例分析

绚丽的文字能给节日带来别样的气氛，本例旨在创设一种色彩缤纷的情景，烘托节日的祥和气氛。制作本例的过程中需要用到 Ramp（渐变）、Shatter（爆炸）、Shine（发光）、Lens Flare（镜头光晕）四种特效，通过恰当的设置特效参数，实现最终的画面效果，如图 4-6-1 所示。

图 4-6-1　绚丽扫光文字特效的效果图

操作流程

① 启动 After Effects CS4 软件，自动创建一个 Project（项目）文件，选择菜单命令 Composition（合成）>New Compositon（新建合成）[1]，创建一个预置为 PAL Dl/DV 的合成，将其命名为"背景"，设置时间长度为 10 秒，Composition Settings（合成设置）窗口相关参数设置如图 4-6-2 所示。

② 选择菜单命令 File（文件）>Save（保存）保存项目文件，将其命名为"绚丽扫光文字"。

---

[1] 新建合成的组合键为 Ctrl+N。

③ 选择菜单命令 Layer（层）>New（新建）>Solid（固态层）[1]，打开 Solid Settings（固态层设置）窗口，将固态层命名为"背景层"，固态层其他参数设置如图 4-6-3 所示。

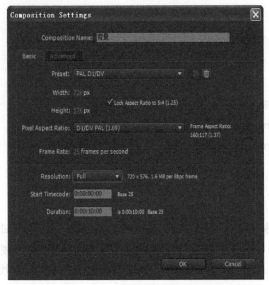

图 4-6-2　新建合成的相关参数设置　　　　图 4-6-3　固态层的相关参数设置

④ 选中"背景层"，选择菜单命令 Effect（特效）>Generate（产生）>Ramp（渐变）[2]，添加渐变特效，设置 Start of Ramp（渐变起点位置）参数为（350，-170），Start color（起点颜色）中的 R、G、B 设为（2，10，5），End of Ramp（渐变终点位置）设置为（350，270），End color（终点颜色）中的 R、G、B 设为（255，44，81），Ramp Shape（渐变形状）设为 Linear Ramp（线性渐变）。各参数设置如图 4-6-4 所示。至此效果如图 4-6-5 所示。

⑤ 按组合键 Ctrl+N，创建一个预置为 PAL Dl/DV 的合成，将其命名为"文字"，设置时间长度为 10 秒。

图 4-6-4　Ramp（渐变）特效相关参数设置　　　图 4-6-5　添加 Ramp（渐变）特效后效果图

⑥ 选择菜单命令 Layer（层）>New（新建）>Text（文本），输入"节日快乐"四个字，并设置其相应参数，如图 4-6-6 所示。文字效果如图 4-6-7 所示。

---

1 新建固态层的组合键为 Ctrl+Y。
2 Ramp 用来创建彩色渐变，Start of Ramp 设置渐变起点的位置，Start Color 设置起点颜色，End of Ramp 设置渐变终点的位置，End Color 设置终点颜色，Ramp Scatter 设置渐变扩散，Blend With Original 表示和原图像混合，Ramp Shape 表示渐变形状（线性渐变和径向渐变）。

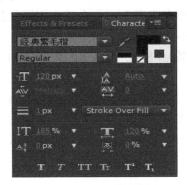

图 4-6-6 文字参数设置

图 4-6-7 文字效果图

⑦ 按组合键 Ctrl+N，创建一个预置为 PAL Dl/DV 的合成，将其命名为"渐变参考"，设置时间长度为 10 秒，如图 4-6-8 所示。

图 4-6-8 创建名为"渐变参考"的合成

⑧ 按组合键 Ctrl+Y，新建固态层，将其命名为"渐变层"。选中"渐变层"，选择菜单命令 Effect（特效）>Generate（产生）>Ramp（渐变），添加渐变特效，设置 Start of Ramp（渐变起始位置）参数设为（0，300），End of Ramp（渐变结束位置）设为（720，300），Ramp Shape（渐变形状）设为 Linear Ramp（线性渐变），各参数设置如图 4-6-9 所示。至此效果如图 4-6-10 所示。

图 4-6-9 Ramp（渐变）特效参数设置

图 4-6-10 添加 Ramp（渐变）特效后效果图

⑨ 回到 Project（项目）窗口中，将"文字"、"渐变参考"两个合成分别拖放到"背景"的时间线上，同时关闭"渐变参考"的显示，如图 4-6-11 所示。

⑩ 选中"文字"图层，选择菜单命令 Effect（特效）>Simulation（仿真）>Shatter（爆炸）[1]，添加一个爆炸特效，将 View（预览效果设置）设置为 Rendered，Render（渲染控制）为 All，展开 Shape（碎片形状）选项，将 Pattern（模式）设置为 Glass，Custom Shatter Map 为 None，展开 Gradient（渐变）选项，将 Shatter Threshold（爆炸阈值）设置为 25%，Gradient Layer（渐变层）设置为"渐变参考"，勾选 Invert Gradient（反选渐变），如图 4-6-12 所示。

图 4-6-11　相关图层的显示状态

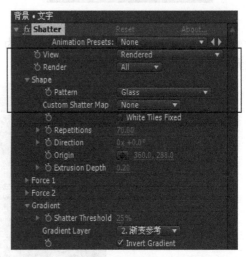

图 4-6-12　Shatter（爆炸）相关参数设置

⑪ 将时间移到 0 帧位置，分别打开 Force1（破碎力 1 控制）下的 Position（位置）、Gradient（渐变）下的 Shatter Threshold（爆炸阈值）、Physics（动力学控制）下的 Gravity（重力）和 Gravity Direction（重力方向）前面的码表，设置动画关键帧 Position（位置），第 0 帧为（100，270），第 3 秒为（625，320），Shatter Threshold（爆炸阈值）在第 0 帧为 0.00%，在第 3 秒为 100%；在第 0 帧 Gravity（重力）为 0，在第 3 秒 Gravity（重力）为 5；在第 0 帧 Gravity Direction（重力方向）为（2，0），在第 3 秒 Gravity Direction（重力方向）为（0，180），如图 4-6-13、4-6-14 所示。至此效果如图 4-6-15 所示。

图 4-6-13　0 帧处的关键帧设置

---

[1] Shatter（爆炸）特效可以完成爆炸飞散的效果。Pattern 为碎片模式，可以根据需要进行选择，Repetitions 控制碎片的循环，Shatter Threshold 可以设置破碎的阈值。爆炸后最终效果必须在 Render 模式下才能显示。

第 4 章 文字特效的制作

图 4-6-14　3 秒时的关键帧设置

⑫ 为了增强爆炸的效果，将"文字"层选中，执行菜单命令 Effect（特效）> Trapcode>Shine（发光）[1]添加一个发光特效。展开 Pre-Process（预处理）勾选 Use Mask （使用遮罩），将 Ray Length（射线长度）设置为 6，Boost Light（光的亮度）设置为 1，展开 Colorize（色调值），将 Colorize 设置为 one color，将 Color 的颜色选为黄色，Transfer Mode（转换模式）设置为 Overlay（叠加）模式，如图 4-6-16 所示。

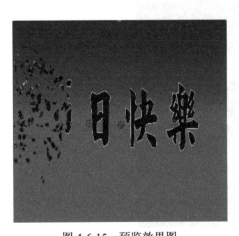

图 4-6-15　预览效果图

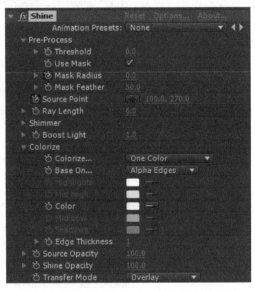

图 4-6-16　Shine（发光）特效的参数设置

⑬ 设置动画，将时间移到 0 帧位置，展开 Pre-Process（预处理）选项，打开 Mask Radius（遮罩半径）和 Source Point（目标点）前面的码表，设置动画关键帧。在第 0 帧处 Mask Radius（遮罩半径）设为 0，在第 3 秒时 Mask Radius（遮罩半径）设为 250；在第 0 帧处 Source Point（目标点）设为（100，70），在第 3 秒时 Source Point（目标点）设为 （507，270），如图 4-6-17、4-6-18 所示。至此效果如图 4-6-19 所示。

---

1 Shine 特效是 Trapcode 公司发布的 After Effects 插件，Shine 也是一个专门用于制作放射性光芒的插件。其中的 Pre-Process （预处理）下可以设置 Shine 的遮罩，Source point 可以设置光芒的中心点，Ray Length 为射线的长度，Boost Light 为光的亮度，Transfer Mode 可以设置光芒与发光物体的融合模式。

After Effects CS4 案例教程

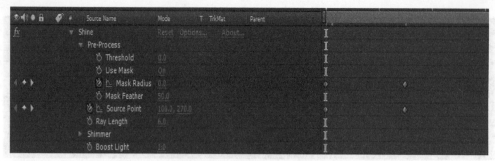

图 4-6-17　0 帧处的关键帧

图 4-6-18　3 秒处的关键帧

图 4-6-19　预览效果图

⑭ 为了达到更好的效果，需要加入一个光晕。按组合键 Ctrl+Y，新建一个黑色固态层，命名为"光晕"。选中"光晕"层，在时间线窗口将叠加模式改为 Add 模式，如图 4-6-20 所示。

图 4-6-20　改变图层叠加模式

第4章 文字特效的制作

⑮ 选择菜单命令 Effect（特效）>Generate（产生）>Lens Flare（镜头光晕）[1]，添加一个光晕特效，将时间移到 6 帧位置，展开 Flare Center（光晕中心）前的码表，Flare Center（闪光点的位置）第 6 帧为（85，263），在第 2 秒 17 帧为（595，263），由于第 6 帧和第 2 秒 17 帧的光晕都是多余的，只需要分别在第 6 帧和第 2 秒 17 帧处按下组合键 Alt+[和 Alt+][2]就可以将多余的部分删除，如图 4-6-21 所示。本例制作完成，最终效果如图 4-6-22 所示。

图 4-6-21　Lens Flare 关键帧动画设置

图 4-6-22　绚丽扫光文字的最终效果图

 案例小结

在制作本案例过程中，需要恰当地设置每个参数以实现爆炸的绚丽特效。

 知识拓展

读者可以根据此案例，拓展思维，尝试新的制作，利用 Shine（发光）特效可以制作出非常多的炫丽效果，如云层飘动。具体操作方法如下。
① 新建合成与固态层，为固态层添加 Form 特效，各参数设置如图 4-6-23~26 所示。

---

1 Lens Flare（镜头光晕）特效可以模仿摄像机的镜头光晕效果。Lens Type 可以设置镜头的类型，也可以使用此项选择镜头的聚集类型，Flare Center 可以设定闪光点的位置，Flare Brightness 设置光源亮度，Blend With Original 可以控制效果与图像的融合程度。
2 组合键 Alt+[表示剪掉前面的素材，Alt+]表示剪掉后面的素材。

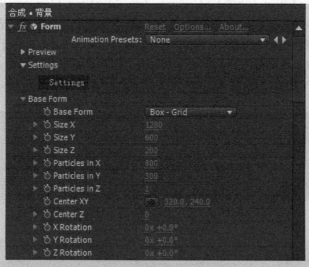

图 4-6-23 Form 特效的参数设置（1）

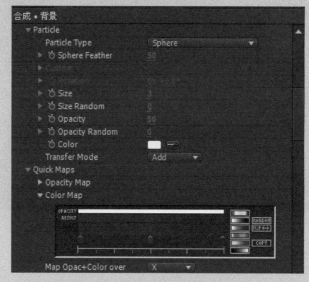

图 4-6-24 Form 特效的参数设置（2）

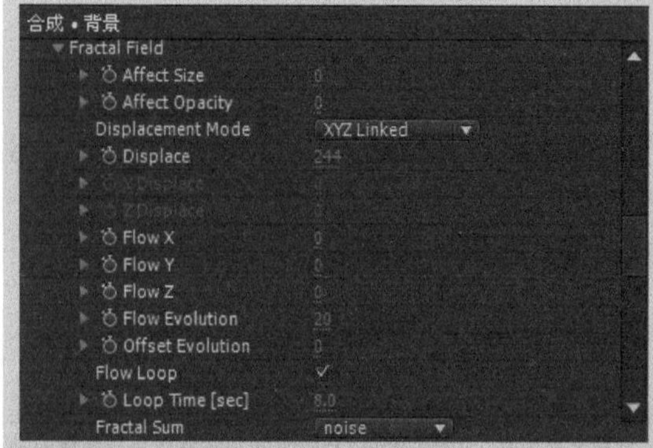

图 4-6-25 Form 特效的参数设置（3）

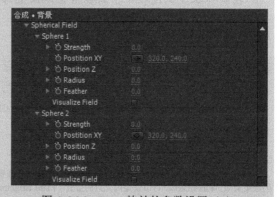

图 4-6-26 Form 特效的参数设置（4）

② 新建合成 1，新建 15mm 的摄像机，将合成导入到合成 1 中，调整合成的 Position 和 Orientation，如图 4-6-27 所示。

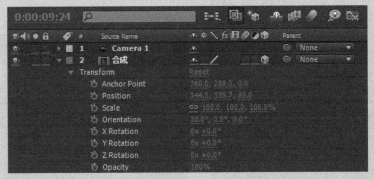

图 4-6-27 调整合成的位置与方向

③ 新建合成 2，将合成 1 导入到合成 2 中，为合成 1 添加 Shine（发光）特效和 Radial Blur 特效，各参数设置如图 4-6-28、4-6-29 所示。

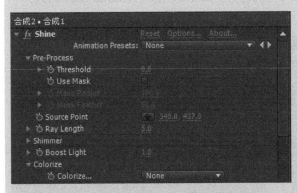

图 4-6-28 Shine（发光）特效的参数设置

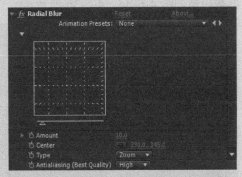

图 4-6-29 Radial Blur 特效的参数设置

④ 新建合成 3 与固态层，为固态层添加 Form 特效，各参数设置如图 4-6-30～33 所示。

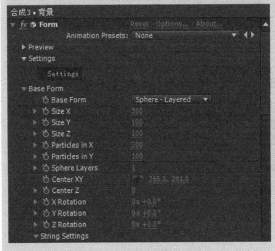

图 4-6-30 Form 特效的参数设置（1）

图 4-6-31 Form 特效的参数设置（2）

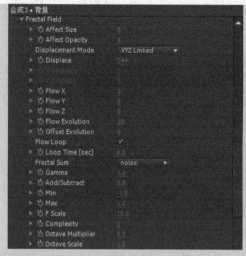

图 4-6-32 Form 特效的参数设置（3）

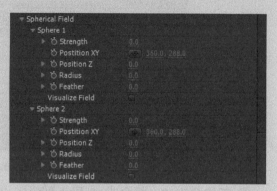

图 4-6-33 Form 特效的参数设置（4）

⑤ 新建合成 4，将合成 3 导入合成 4 中，为其添加 Shine 特效和 Radial Blur 特效，各参数设置如图 4-6-34、4-6-35 所示。

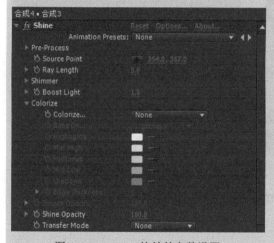

图 4-6-34 Shine 特效的参数设置

图 4-6-35 Radial Blur 特效的参数设置

⑥ 新建合成 5，将合成 2 与合成 4 导入到合成 5 中，设置合成 2 的图层模式为 Pin Light，合成 4 的图层模式为 Normal，如图 4-6-36 所示。最终效果如图 4-6-37 所示。

图 4-6-36 图层模式的设置

图 4-6-37　最终效果图

习题

1. 单选题

（1）Alt+]这个组合键可以实现什么功能？_____
　　A．剪掉前面的素材条　　　　　　　B．剪掉后面的素材条
　　C．延长素材条　　　　　　　　　　D．无操作意义

（2）Basic Text 文字特效在 Effect（特效）下哪个选项里？_____
　　A．Paint　　　　B．Generate　　　　C．Text　　　　D．Obsolete

（3）创建预合成的组合键是_____。
　　A．Ctrl+Shift+C　　B．Ctrl+Shift+Y　　C．Shift+C　　D．Ctrl+Alt+C

（4）Displacement 滤镜属于_____滤镜组
　　A．Generate　　B．Keying　　C．Distort　　D．Stylize

2. 多选题

（1）以下快捷键中可实现文字大小、位置等属性变化的_____。
　　A．P　　　　B．M　　　　C．S　　　　D．T

（2）图层叠加后，能使画面变亮的图层混合模式是_____。
　　A．Screen　　B．Darken　　C．Add　　D．Multiply

（3）下列特效中可以实现文字模糊的有_____。
　　A．Displacement　　　　　　　　B．Fast Blur
　　C．Compound Blur　　　　　　　D．Fractal Noise

（4）当预览区中 Title/Action Safe 安全框被激活使用时，下列描述正确的有_____。
　　A．安全框是用于电视播出项目的重要参考之一
　　B．不是所有制作项目都需要安全框参考线，如电脑多媒体播放项目
　　C．安全框外框为字幕安全参考线，内框为画面安全参考线
　　D．安全框内框为字幕安全参考线，外框为画面安全参考线

3. 思考题

怎样将 Shine 等第三方插件正确安装到 After Effects CS4 中。

4. 操作题

（1）制作电影黑客帝国中的文字流星雨特效。
（2）利用第三方插件 Form 制作粒子文字特效。

第 5 章

颜色调整

色彩是影视片最外在的因素之一，调整影片色彩是影视后期制作中一个重要的环节。画面的整体色调会展现出影片的风格，并影响影片的质量。

学习内容

本章用几种不同类型的色彩调整的典型案例介绍颜色调整特效的使用，包括纠正偏色的方法，形成整体色调风格的思路等。在本章结尾的案例中特别加入了 Color Finesse 插件的使用方法，拓展读者颜色调整的思路，激发创作冲动和灵感。

学习目标

- 掌握颜色调整的基本思路
- 理解修饰画面的原理和技巧
- 能运用颜色调整特效使画面形成整体色调风格。

 5.1 水墨画效果的制作

 学习要点

- 了解颜色调整的基本思路和技巧
- 熟悉 Find Edge、Hue/Saturation、Curves、Fast Blur、Basic Text 特效的功能
- 掌握层和叠加的应用技巧

 案例分析

水墨画被视为中国传统绘画，是国画的代表。基本的水墨画中仅有水与墨，黑与白。水墨画效果是对画面进行调整，使画面具有水墨画风格。制作过程中需要用到 Find Edge、

Hue/Saturation 和 Curves 特效，通过设定相应参数，配合叠加方式，完成效果制作。水墨画效果如图 5-1-1 所示。

操作流程

① 创建一个预置为 PAL D1/DV 的合成，将其命名为"shuimo"，设置时间长度为 20 帧，如图 5-1-2 所示。

图 5-1-1　水墨画效果图　　　　　　图 5-1-2　新建一个名为"shuimo"的合成

② 将"第 5 章/5.1 水墨画/山水 01"文件导入，并将其添加到时间线面板中。按 S 键打开 Scale（大小/缩放）参数栏，设置参数为（73.0，73%），如图 5-1-3 所示。

图 5-1-3　设置 Scale 参数值，调整图片的大小

③ 选择"山水 01"层，向该层添加 Effect（特效）>Stylize（风格化）>Find Edge（查找边缘）特效，特效参数采用默认值，此时效果如图 5-1-4 所示。

④ 选择"山水 01"层，向该层添加 Effect（特效）>Color Correction（颜色修正）>Hue/Saturation（色调/饱和度）特效，进入特效设置窗口，设置 Master Saturation[1]（材料饱和度）为–100，如图 5-1-5 所示。

⑤ 选择"山水 01"层，为其添加 Effect（特效）>Color Correction（颜色修正）>Curves（曲线）特效[2]，进入特效设置窗口，设置参数如图 5-1-6 所示。添加 Curves（曲线）特效的目的是去除混乱的杂点，加深图片的边缘线，让亮的地方更亮，暗的地方更暗。完成

---

1 饱和度是指色彩的鲜艳程度，也称色彩的纯度。饱和度决定了颜色中含色成分和消色成分（灰色）的比例。饱和度越大，含色成分越大；饱和度越小，消色成分越大。这里将饱和度调整为最小，目的是为了去色，使素材变成黑白效果。

2 使用曲线进行颜色校正可以获得更大的自由度，在曲线上添加控制点，通过调整切线句柄，在定义好的颜色范围中进行更为精确，更复杂的调整。同时，曲线调整具有强大的交互性，可以实时查看曲线外形和图像效果之间的关联。

默认情况曲线是一根倾角 45°的直线。这表示源图像中的颜色输入值和校正后的颜色输出值是相等的。

在曲线图表中，0～85 的参数范围影响图像的阴影部分；86～170 的参数范围影响图像中间色调的区域；171～255 的参数范围影响图像高亮区域。

曲线调整的画面如图 5-1-7 所示。

图 5-1-4　应用了 Find Edge 特效的画面

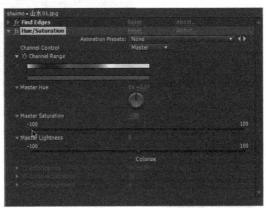

图 5-1-5　调整饱和度使画面变为黑白效果

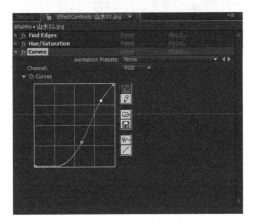

图 5-1-6　Curves（曲线）特效中的曲线图

图 5-1-7　曲线调整后的画面

⑥ 选择"山水 01"层，按组合键 Ctrl+D 将其复制一层，设置叠加模式为 Multiply（正片叠底模式）[1]，如图 5-1-8 所示。

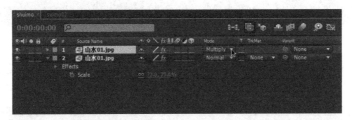

图 5-1-8　将新建层的叠加方式设置成 Multiply（正片叠底模式）

⑦ 向复制出的"山水 01"层添加 Effect（特效）>Blur&Sharpen（模糊和锐化）>Fast Blur（快速模糊）特效，进入特效设置窗口，设置 Blurriness（模糊值）的值为 40，如图 5-1-9 所示，调整后的画面如图 5-1-10 所示。

1　正片叠底模式是一种减色的混合模式，将基色与混合色相乘形成一种光线透过两张叠加在一起的幻灯片效果。其中，任何颜色与黑色相乘结果都是黑色，任何颜色和白色相乘都保持原色不变。

图 5-1-9 将新建层的 Blurriness（模糊值）设置为 40

⑧ 新创建一个合成，将其命名为"shuimo02"，参数和合成"shuimo"的一样，如图 5-1-11 所示。

图 5-1-10 经过模糊调整后的画面　　图 5-1-11 新建一个名为"shuimo02"的合成

⑨ 将"第 5 章/5.1 水墨画/宣纸"文件导入，并将其添加到合成"shuimo02"中，如图 5-1-12 所示。

图 5-1-12 "宣纸"文件被添加到合成"shuimo02"中

⑩ 将合成"shuimo"也添加到合成"shuimo02"中，位置在宣纸层之上，叠加模式设置为 Multiply（正片叠底模式），如图 5-1-13 所示，叠加后的画面如图 5-1-14 所示。

图 5-1-13 合成"shuimo"位于宣纸层上，叠加模式为 Multiply（正片叠底模式）

⑪ 新建一个固态层，将其命名为"文字"，匹配合成大小，设置颜色为黑色，如图 5-1-15 所示。在图层堆栈中将文字层放置在"宣纸"层的上面，如图 5-1-16 所示。

图 5-1-14 叠加在宣纸层上的画面

图 5-1-15 新建一个名字为"文字"的固态层

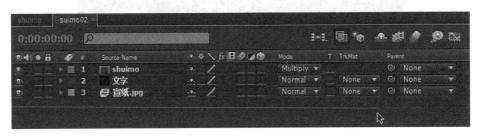

图 5-1-16 新建的"文字"层位于"宣纸"层上方

⑫ 选择"文字"层，为其添加 Effect（特效）>Obsolete（旧版本）>Basic Text（基本文字）特效，输入"水墨画效果"，设置为纵向显示方式，字体类型设置为华文行楷，如图 5-1-17 所示。

图 5-1-17 文字的相关设置

⑬ 进入特效设置窗口，设置文字位置、大小和颜色，具体参数设置如图 5-1-18 所示，字幕的效果如图 5-1-19 所示。

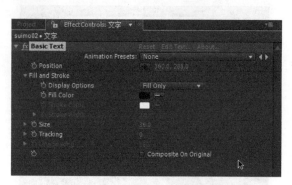

图 5-1-18 文字的相关参数设置

图 5-1-19 添加字幕后画面的效果

⑭ 选择"文字"层,为其添加 Effect(特效)>Blur&Sharpen(模糊和锐化)>Fast Blur(快速模糊)特效,进入特效设置窗口,设置 Blurriness(模糊值)的值为 40.0,如图 5-1-20 所示。

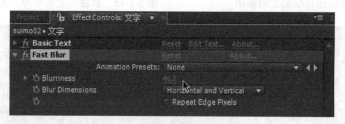

图 5-1-20 设置文字层的模糊数值

⑮ 选择"文字"层,按组合键 Ctrl+D 将其复制一层,如图 5-1-21 所示。进入上层"文字"层的特效设置窗口,按 Delete 键删除该层中的 Fast Blur(快速模糊)特效,并将该层的叠加模式设置为 Multiply(正片叠底模式),如图 5-1-22 所示。至此,水墨画效果就制作完成了,效果如图 5-1-23 所示。

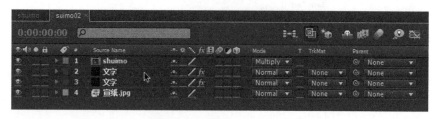

图 5-1-21 复制"文字"层

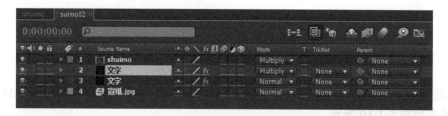

图 5-1-22 将上层"文字"层叠加方式设置为 Multiply(正片叠低模式)

图 5-1-23　水墨画效果图

 案例小结

　　此案例的知识重点是完成对画面颜色的调整及校正。对画面进行色彩调整和校正的目的是为了优化画面效果，实现素材间色彩的完美匹配，使影片画面中的元素相互协调统一，达到预期的画面效果。After Effects 中常用的调色和校色工具均聚集在 Color Correction（颜色校正）特效系列内。

　　需要注意的是，对于基本的视频制作和特效合成处理并不需要在图层上运用太多的调色特效，Levels、Curves、Channel Mixer、Hue/Saturation 等基本工具完全可以高质量地优化和调整各个颜色通道的亮度、对比度和灰度系数（Gamma），从而实现影片画面的色调平衡。

知识拓展

　　水墨画效果的制作也可以通过其他途径来完成，但总体的思路、流程大致相同。接下来介绍另一种水墨画的制作方法，作为学习的参考。

　　① 新建一个合成，将素材添加到时间线面板中，向该层添加 Effect（特效）>Color Correction（颜色修正）>Hue/Saturation（色调/饱和度）特效，进入特效设置窗口，设置 Master Saturation（饱合度）为-100，使画面变成黑白。

　　② 选择命令 Effect（特效）>Color Correction（颜色修正）>Brightness/Contrast（亮度/对比度）特效，进入特效设置窗口，提升画面的对比度。此时画面效果如图 5-1-24 所示。

图 5-1-24　提升对比度后的画面

③ 选择命令 Effect（特效）>Blur&Sharpen（模糊和锐化）>Fast Blur（快速模糊）特效，进入特效设置窗口，设置 Blurriness（模糊值）的值为 13，如图 5-1-25 所示，调整后的画面如图 5-1-26 所示。

图 5-1-25　调整快速模糊的参数　　　　　　图 5-1-26　模糊处理后的画面效果

④ 将素材再次添加到时间线，新素材位于上层，调整画面比例，使上下画面完全重合，如图 5-1-27 所示。

图 5-1-27　调整上层画面比例，使上下层画面重合

⑤ 向该层添加 Effect（特效）>Color Correction（颜色修正）>Hue/Saturation（色调/饱和度）特效，进入特效设置窗口，设置 Master Saturation 为-100，使画面变成黑白色调。

⑥ 向该层添加 Effect（特效）>Stylize（风格化）>Find Edge（查找边缘）特效，特效参数保持默认状态，此时画面效果如图 5-1-28 所示。

图 5-1-28　给画面添加查找边缘特效

⑦ 向该层添加 Effect（特效）>Color Correction（颜色修正）>Curves（曲线）特效，去除画面中灰色部分，降低高亮区域的层次。曲线图如图 5-1-29 所示，画面效果如图 5-1-30 所示。

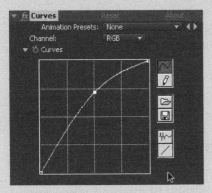

图 5-1-29　Curves 特效中的曲线图

5-1-30　曲线调整后的画面效果

⑧ 向该层添加 Effect（特效）>Blur&Sharpen（模糊和锐化）>Gaussian Blur（高斯模糊）特效，给画面加一点高斯模糊，画面效果如图 5-1-31 所示。设置该层的叠加模式为 Multiply（正片叠底模式），合成后画面效果如图 5-1-32 所示。

图 5-1-31　加入高斯模糊后的画面效果

图 5-1-32　上下层叠加后的效果

⑨ 将"宣纸"文件导入，添加到时间线最上层，设置层叠加方式为 Multiply（正片叠底模式），此时水墨画效果制作完成，最终画面效果如图 5-1-33 所示。

图 5-1-33　叠加上宣纸层后的画面效果

两种水墨画的制作方式，略有区别。使用的特技顺序不同，最终效果也有较大的差异。可以根据喜好，选择自己喜欢的水墨画制作方法。

5.2 唯美 MV 效果的制作

学习要点

- 掌握修饰画面的基本思路和技巧
- 熟悉 Hue/Saturation、Curves、Color Balance 特效的功能
- 掌握 Mask 的绘制技巧

案例分析

唯美的 MV 画面要求精美，具有很好的色彩层次，人物肤色细腻，画面整体感觉清新、自然，营造出温馨浪漫的意境。制作过程中需要使用 Hue/Saturation 特效，调整不同通道的色饱和度、亮度，使用 Curves（曲线特效）调整画面的亮度和层次，配合固态层的叠加方式，完成最终效果的制作。唯美 MV 效果如图 5-2-1 所示。

图 5-2-1　唯美 MV 画面效果图

操作流程

① 创建一个预置为 PAL D1/DV Widescreen 的合成，将其命名为"唯美 MV"，设置时间长度为 3 秒，如图 5-2-2 所示。

② 将"第 5 章/5.2 唯美 MV/MV-Clip"文件导入，并将其添加到时间线面板中，用鼠标移动素材，调整素材在时间线上的位置[1]，如图 5-2-3 所示。

---

[1] 该素材的长度长于 3 秒，可以用鼠标拖动素材，改变素材在时间线中位置。该素材开始阶段人物略虚，调整后可以不从素材的起始点开始播放，实际上是使用后半段素材。

第 5 章 颜色调整

图 5-2-2　新建一个名为"唯美 MV"的合成

图 5-2-3　在时间线中调整好素材的位置

③ 此时监视窗左右两边有黑边[1]，鼠标单击时间线上的素材，监视窗中画面出现几个控制点，如图 5-2-4 所示。鼠标拖拽画面角上的控制点，使画面充满屏幕，如图 5-2-6 所示。

图 5-2-4　画面四周出现控制点　　　　　图 5-2-5　调整后，素材充满画面

④ 选择素材层，选择命令 Effect（特效）>Color Correction（颜色修正）> Hue/Saturation（色相/饱和度）特效，在特效设置窗口，将 Channel Range（通道范围）调整为 Reds[2]，进入 Reds 通道，设置 Red Saturation（红色色饱和度）的值为–45，如图 5-2-6 所示。

---

1 黑边是由于素材格式和所建合成的格式不匹配造成的，素材画面尺寸是 1024×576，方形像素，如图 5-2-5 所示。而我们所建工程的画面尺寸是 720×576，像素长宽比是 1.46。

2 通过添加 Hue/Saturation 特效滤镜，可以分别对单个颜色通道进行调色，从而单独的控制某一区域的颜色饱和度，亮度等，这种调色方法是最常用的。

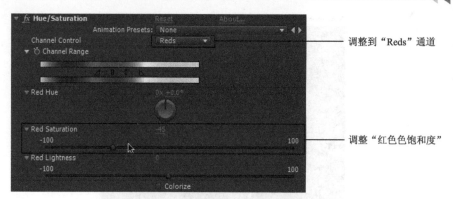

图 5-2-6 降低红色通道的色饱和度

⑤ 进入 Yellows 通道，设置 Yellow Saturation（黄色色饱和度）的值为–30，如图 5-2-7 所示。进入 Greens 通道，设置 Green Saturation（绿色色饱和度）值为–38，如图 5-2-8 所示。进入 Cyans 通道，设置 Cyan Lightness（青色亮度）值为–15，如图 5-2-9 所示。进入 Blues 通道，设置 Blue Saturation（蓝色色饱和度）的值为 75，如图 5-2-10 所示。

图 5-2-7 降低黄色通道的色饱和度   图 5-2-8 降低绿色通道的色饱和度

图 5-2-9 降低青色通道的亮度   图 5-2-10 提升蓝色通道的色饱和度

⑥ 经过调整后画面如图 5-2-11 所示，此时画面人脸部略暗。

图 5-2-11 调整后监视窗中的画面

第 5 章 颜色调整

⑦ 选择命令 Effect（特效）>Color Correction（颜色修正）>Curves（曲线）特效[1]，调整亮度曲线，如图 5-2-12 所示，改善画面亮度，效果如图 5-2-13 所示。

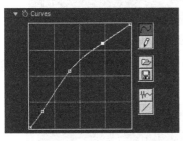
图 5-2-12 调整后的亮度曲线

图 5-2-13 曲线调整后的效果

⑧ 选择命令 Layer（图层）>New（新建）>Solid（固态层），创建一个固态层[2]，设置颜色为墨绿色，如图 5-2-14 所示。

图 5-2-14 新建一个墨绿色的固态层

⑨ 选择新建的固态层，将叠加模式设置成 Overlay（叠加）[3]，如图 5-2-15 所示。

图 5-2-15 将固态层叠加方式设置为 Overlay（叠加）

⑩ 按快捷键 T，打开 Opacity（透明度）属性，将透明度参数设置为 30%，如图 5-2-16 所示。

---

1 该步骤也可以提前，在调整色饱和度之前完成。
2 组合键为 Ctrl+Y。
3 该模式颜色在现有像素上叠加，同时保留基色的明暗对比，基色与其相混以反映原色的明暗度。该模式对中间色调影响明显，对高亮区和暗区影响不大。

图 5-2-16　将固态层透明度设置为 30%

⑪ 选择 Layer（图层）>New（新建）>Adjustment Layer（调节层）菜单命令，创建一个调节层[1]，如图 5-2-17 所示。

图 5-2-17　在图层上方新建一个调节层

⑫ 选择命令调节层，向其添加 Effect（特效）>Color Correction（颜色修正）> Color Balance（色彩平衡）特效，进入特效设置窗口，将 Shadow Red Balance（暗部红色平衡）设置为–15.0，Shadow Green Balance（暗部绿色平衡）设置为 6，Shadow Blue Balance（暗部蓝色平衡）设置为 14，Midtone Red Balance（中灰度红色平衡）设置为 43.0，Midtone Green Balance（中灰度绿色平衡）设置为–9，Hilight Red Balance（亮部红色平衡）设置为–12，Hilight Green Balance（亮部绿色平衡）设置为 5，Hilight Blue Balance（亮部蓝色平衡）设置为–11，如图 5-2-18 所示。此时画面，如图 5-2-19 所示。

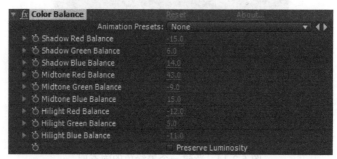

图 5-2-18　Color Balance 特效的参数设置

图 5-2-19　调整后的画面效果

---

1 组合键为 Ctrl+Alt+Y。给调节层加特效会影响其下的所有图层，也就是在各图层间产生相同的效果，使用调节层可减少重复设置特效所带来的麻烦。

第 5 章 颜色调整

⑬ 选择调节层，向其添加 Effect（特效）>Color Correction（颜色修正）>Curves（曲线）特效，进入特效设置窗口，调节曲线，改善画面层次。曲线图如图 5-2-20 所示，调整后的画面如图 5-2-21 所示。

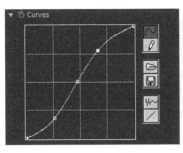
图 5-2-20　用曲线调整改善层次

图 5-2-21　调整后的画面效果

⑭ 按组合键 Ctrl+Y，创建一个固态层，设置颜色为黑色，如图 5-2-22 所示。使用"椭圆工具"为该固态层绘制椭圆形 Mask（遮罩），如图 5-2-23 所示。

图 5-2-22　新建一个黑色固态层

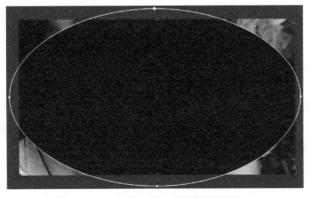
图 5-2-23　在固态层上绘制椭圆形 Mask

187

⑮ 展开 Mask 参数栏，将 Inverted（反转）项选中，设置 Mask Feather（遮罩羽化）的值为（185.0，185.0），设置叠加模式为 Luminosity（亮度）[1]，如图 5-2-24 所示。最终画面效果如图 5-2-25 所示。

图 5-2-24　将 Mask 层翻转，设置羽化和叠加方式

图 5-2-25　调整后最终的画面效果

 案例小结

本案例主要是学习常用调色特技的使用，通过不同特技之间的配合，形成符合主题需要的画面风格。MV 主题不同，画面风格就不同。形成其他类型的 MV 画面风格，也可以参照本例的调整思路，只是各特效的参数调整与本案例的会有所区别。

5.3　淡彩效果的制作

 学习要点

- 掌握通过多种途径综合应用来修饰画面的思路和技巧
- 熟悉 Curves、Median、FastBlur、Liquify、Sharpen、Hue/Saturation 等特效的功能
- 熟悉调整图层混合模式及创建调节图层的应用方法

---

1 依据亮度实现上下层的叠加。

案例分析

淡彩是中国画的技法，是工笔画的一种，只能用国画里的植物颜色作画，禁用矿物质颜料。先用墨彩的方法把对象画到八九分，然后用淡薄的色彩稍作渲染。淡彩要做到色不碍墨，墨不离色，既能融合一体，又能显示墨的韵味，才能产生一种淡雅、朴素的效果。

淡彩效果的制作首先通过复制生成新图层，运用 Find Edges、Channel Mixer、Levels、Median 等特效，制作出风景影像的白描图画效果。然后运用 Curves、Median、FastBlur、Liquify、Sharpen、Hue/Saturation 等特效，结合调整图层混合模式及创建调节图层等方法，在风景影像素材基础上制作出清幽淡雅的淡彩效果。淡彩效果图如图 5-3-1 所示。

图 5-3-1　淡彩效果图

 操作流程

① 创建一个 Preset（预置）为 Custom 的合成，画面大小设置为 800×600，时间长度设为 6 秒，像素长宽比设成 1，帧率为 25 帧/秒，将其命名为"淡彩"，如图 5-3-2 所示。

图 5-3-2　新建一个名为"淡彩"的合成

② 双击工程窗口中的空白区域，将"第 5 章/5.3 淡彩"的图片文件导入，并将其添加到时间线面板中，如图 5-3-3 所示。

图 5-3-3　图片"淡彩"被添加到时间线面板中

③ 选择淡彩图层，按快捷键 S 打开 Scale（大小/缩放）参数栏，设置参数为（79.0，79.0%），如图 5-3-4 所示。使图片略大于监视窗尺寸，如图 5-3-5 所示。

图 5-3-4　调整图像的大小

图 5-3-5　调整大小后，图片尺寸略大于监视窗画面

④ 选择"淡彩图层"，将其选中，按 Enter 键将其改名为"淡彩图片"，如图 5-3-6 所示。在 Timeline 面板中选中"淡彩图片"层，按组合键 Ctrl+D，复制一层。选中新建的图层，再按 Enter 键将其改名为"淡彩描边"，如图 5-3-7 所示。

图 5-3-6　将图层改名

图 5-3-7　新建一个图层，并将其命名为"淡彩描边"

⑤ 选择"淡彩描边"层并单击鼠标右键,在弹出的快捷菜单中选择 Effect(特效）>Stylize（风格化）>Find Edges（查找边缘）选项[1]。然后在 Find Edges（查找边缘）[2]特效控制面板中,保持 Blend With Original（混合原始图像）项参数为 0%,即设置该描边轮廓效果与原图像不进行混合,如图 5-3-8 所示。此时画面效果,如图 5-3-9 所示。

图 5-3-8　保持描边轮廓不与原图像进行混合

图 5-3-9　查找边缘后的画面效果

⑥ 选择"淡彩描边"层并单击鼠标右键,在弹出的快捷菜单中选择 Effect（特效）>Color Correction（颜色修正）>Channel Mixer（通道混合）[3]选项。在 Channel Mixer（通道混合）特效控制面板中,勾选中下方的"Monochrome（单色）"复选框,如图 5-3-10 所示。将选定图层内的图像应用为灰阶图,此时画面效果,如图 5-3-11 所示。

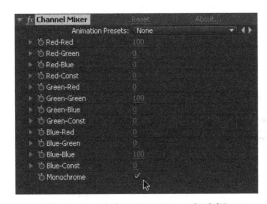

图 5-3-10　选中 Monochrome 复选框

图 5-3-11　画面色彩消失

---

1 从右键快捷菜单中选择 Effect（特效）和从软件界面菜单中选择 Effect（特效）是一样的。
2 Find Edges（查找边缘）特效能搜寻到图像中主要颜色的变化区域并强化其过渡像素,使图像产生一种以较硬的笔触来勾画轮廓的视觉效果。
3 Channel Mixer（通道混合）特效通过设置每个色彩通道的百分比数值,产生高质量的灰阶图。也可通过调整每个色彩通道的百分比数值,产生其他色调图像。

⑦ 选择"淡彩描边"层并单击鼠标右键，在弹出的快捷菜单中选择 Effect（特效）> Color Correction（颜色修正）> Levels（色阶）[1]选项。在 Levels（色阶）特效控制面板中，设置 Input Black（输入黑色阈值）为 0.0，Input White（输入白色阈值）为 182.0，Gamma（伽马值）为 1.39，具体参数调整，如图 5-3-12 所示。通过运用 Levels 特效，使图像中的部分灰色调像素转变为白色，该风景影像的轮廓勾边效果就更加明显了。应用完色阶特效的画面效果，如图 5-3-13 所示。

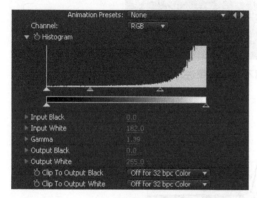
图 5-3-12　Levels（色阶）特效的参数设置

图 5-3-13　画面中灰色区域部分变为白色

⑧ 选择"淡彩描边"层并单击鼠标右键，在弹出的快捷菜单中选择 Effect（特效）> Noise&Gain（噪点和颗粒）> Median（中间值）[2]选项。在 Median（中间值）特效控制面板中，设置 Radius（半径）为 2，如图 5-3-14 所示。调整后画面效果如图 5-3-15 所示。

图 5-3-14　Median（中间值）特效的参数设置

图 5-3-15　应用了 Median（中间值）特效的画面效果

---

1 Levels（色阶）用 5 个控制键中的 4 个（"Input Black"、"Input White"、"Output White"和"Output White"）决定亮度与对比度，再结合第 5 个控制器"Gamma（伽马值）"，可以带来比"Brightness & Contrast"（亮度与对比度）滤镜更精确的效果。"Gamma（伽马值）"全面控制中间色（渐变中间的灰色小三角），完全不会影响黑色和白色这两种颜色。

2 Median（中间值）是一种用于减少图像内杂色的特效。它的工作原理是用指定半径内像素的平均亮度值来替换该区域内所有像素的亮度值。中间值特效可以通过对像素亮度的混合，使图像产生一种柔和的墨状效果。

⑨ 单击"淡彩描边"层左侧的"眼睛",如图 5-3-16 所示,在监视窗中隐藏"淡彩描边"层,使其不显示。

图 5-3-16　隐藏"淡彩描边"层

⑩ 选择"淡彩图片"层并单击鼠标右键,在弹出的快捷菜单中选择 Effect(特效)> Color Correction(颜色修正)> Curves(曲线)选项。在 Curves(曲线)特效控制面板中,将 Channel(通道)设置为 RGB,调整 Curves 曲线上半部分的节点位置,使其呈现较圆滑的下落曲线形状,如图 5-3-17 所示,降低画面中亮部区域的亮度。调整后画面效果如图 5-3-18 所示。

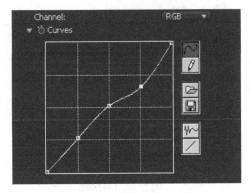 

图 5-3-17　曲线参数设置　　　　　　图 5-3-18　曲线调整后画面的效果

⑪ 选择"淡彩图片"层并单击鼠标右键,在弹出的快捷菜单中选择 Effect(特效)> Noise&Gain(噪点和颗粒)> Median(中间值)选项。在 Median(中间值)特效控制面板中,设置 Radius(半径)为 8,如图 5-3-19 所示。调整后画面效果如图 5-3-20 所示。

图 5-3-19　Median(中间值)特效的参数设置　　图 5-3-20　应用完 Median 特效的画面

⑫ 选择"淡彩图片"层,将其选中,按组合键 Ctrl+D,复制一层,生成"淡彩图片 2"层,如图 5-3-21 所示。

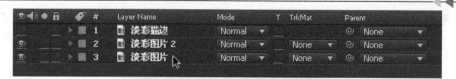

图 5-3-21 将"淡彩图片"层复制,生成"淡彩图片 2"层

⑬ 选择"淡彩图片 2"层并单击鼠标右键,在弹出的快捷菜单中选择 Effect(特效)> Blur&Sharpen(模糊&锐化)> Fast Blur(快速模糊)选项。在 Fast Blur(快速模糊)特效控制面板中,设置 Blurriness(模糊)为 15.0,如图 5-3-22 所示。调整后画面效果如图 5-3-23 所示。

图 5-3-22 Fast Blur(快速模糊)特效的参数设置　　图 5-3-23 应用完快速模糊的画面

⑭ 选择"淡彩图片 2"层,按 T 键,调出该层的 Opacity(透明度)属性选项,设置 Opacity(透明度)参数为 35,并将该层的 Mode(混合模式)调整成 Darken(变暗)[1],如图 5-3-24 所示。混合后的画面效果如图 5-3-25 所示。

图 5-3-24 调整图层的透明度和混合模式　　图 5-3-25 两层淡彩图片层叠加后的画面

⑮ 按住 Ctrl 键的同时选中"淡彩图片 2"层和"淡彩图片"层,按组合键 Ctrl+Shift+C 对这两个图层进行合并预合成操作。在弹出窗口中为新建的子合成文件取名"淡彩合成",并选中"Move all attributes into the new composition(把层属性移动到新建的子合成文件中)"选项,如图 5-3-26 所示。单击"OK"按钮确认。

---

[1] 将"淡彩图片 2"层和"淡彩图片"层上下两个图层以 Darken(变暗)模式进行混合,可以使图像产生虚焦和晕染的视觉效果。

第 5 章 颜色调整

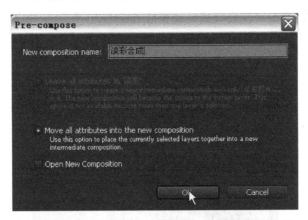

图 5-3-26　将"淡彩图片 2"层和"淡彩图片"层合并

⑯ 选择"淡彩合成"层并单击鼠标右键，在弹出的快捷菜单中选择 Effect（特效）> Distort（扭曲）> Liquify（液化）选项。在 Liquify（液化）特效控制面板中，展开 Tools（工具）选项，并选择手型工具，如图 5-3-27 所示。展开 Warp Tool Options（弯曲工具），设置 Brush Size（笔刷大小）为 25，Brush Pressure（笔刷笔压）为 80，Distortion Percentage（变形率）为 100，如图 5-3-28 所示。

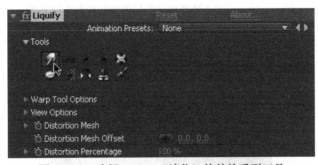

图 5-3-27　选择 Liquify（液化）特效的手型工具

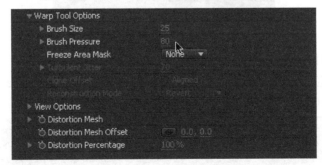

图 5-3-28　Liquify（液化）特效的参数调整

⑰ 将鼠标移动到合成图像监视窗中，鼠标变成圆形，用鼠标沿着风景影像内物体轮廓边缘处进行涂抹，直至得到较好的水墨晕染的笔触效果，如图 5-3-29 所示。

⑱ 单击"淡彩描边"层左侧的"眼睛"，在监视窗中显示"淡彩描边"层。选择"淡彩描边"层，按 T 键，调出该层的 Opacity（透明度）属性选项，设置 Opacity（透明度）参数

为 27%。并将该层的 Mode（混合模式）调整成 Overlay（叠加），如图 5-3-30 所示。两层叠加后淡彩效果有了雏形，混合后的画面效果如图 5-3-31 所示。

图 5-3-29　调整后的画面效果

图 5-3-30　设置"淡彩描边"层的透明度和叠加方式

图 5-3-31　混合后的画面效果

⑲ 双击工程窗口中的空白区域，将"第 5 章/5.3 中/宣纸.jpg 导入，并将其添加到时间线面板中，调整层位置，使宣纸层位于最上方。按快捷键 S 打开 Scale（大小/缩放）参数栏，设置参数为（104.0，104.0%），如图 5-3-32 所示。

图 5-3-32　设置 Scale 参数

⑳ 选择"宣纸"层并单击鼠标右键，在弹出的快捷菜单中选择 Effect（特效）> Color Correction（颜色修正）> Curves（曲线）选项。在 Curves（曲线）特效控制面板中，将 Channel（通道）设置为 Blue，调整 Curves 曲线中间节点位置，使其呈现较圆滑的下落曲线形状，如图 5-3-33 所示。此时宣纸画面效果偏黄，如图 5-3-34 所示。

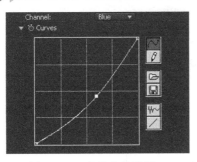

图 5-3-33　曲线参数设置

图 5-3-34　曲线调整后的宣纸画面效果

㉑ 选择"宣纸"层，按 T 键，调出该层的 Opacity（透明度）属性选项，设置 Opacity（透明度）参数为 36%。将该层的 Mode（混合模式）调整成 Linear Burn（线性变暗）[1]，如图 5-3-35 所示。混合后的画面效果，如图 5-3-36 所示。

图 5-3-35　设置"宣纸"层的透明度和叠加方式

图 5-3-36　叠加上宣纸层的画面效果

㉒ 新建一个固态层，将其命名为"文字"，设置颜色为黑色，在图层堆栈中将文字层放置在"宣纸"层的上面，如图 5-3-37 所示。

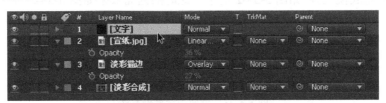

图 5-3-37　新建一个名字为"文字"的固态层

㉓ 选择"文字"层，为其添加 Effect（特效）>Obsolete（旧版本）>Basic Text（基本文字）特效，输入"淡彩效果制作"，设置为纵向显示方式，字体类型设置为华文行楷，如图 5-3-38 所示。

1　此处通过设置 Linear Burn（线性变暗）作为底纹素材所在层的图层混合模式，使画面出现叠印在宣纸纸面上的视觉效果。

图 5-3-38 文字的属性设置

㉔ 进入特效设置窗口，设置文字位置、大小和颜色，具体参数设置如图 5-3-39 所示，字幕的效果如图 5-3-40 所示。

图 5-3-39 字幕的参数设置

图 5-3-40 字幕在画面中的效果

㉕ 选择"文字"层，为其添加 Effect（特效）>Blur&Sharpen（模糊和锐化）>Fast Blur（快速模糊）特效，进入特效设置窗口，设置 Blurriness 的值为 15.0，如图 5-3-41 所示。

㉖ 选择"文字"层，按组合键 Ctrl+D 将其复制一层。进入上层"文字"层的特效设置窗口，按 Delete 键删除该层中的 Fast Blur（快速模糊）特效，并将该层的叠加模式设置为 Multiply（正片叠底模式），如图 5-3-42 所示。此时的画面效果如图 5-3-43 所示。

图 5-3-41 设置字幕模糊参数

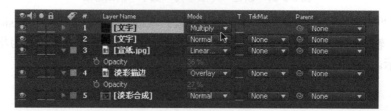

图 5-3-42 设置上层文字的叠加方式

第 5 章 颜色调整

图 5-3-43 两层字幕叠加后的画面效果

㉗ 选择时间线窗口，单击菜单中的 Layer（图层）>New（新建）>Adjustment Layer（调节层）选项，新建一个调节层，在默认情况下调节层位于时间线的最上层。用鼠标移动调节层的位置，将调节层移动到"淡彩描边"层的下方，如图 5-3-44 所示。此时调节层只影响底层的"淡彩合成"层。

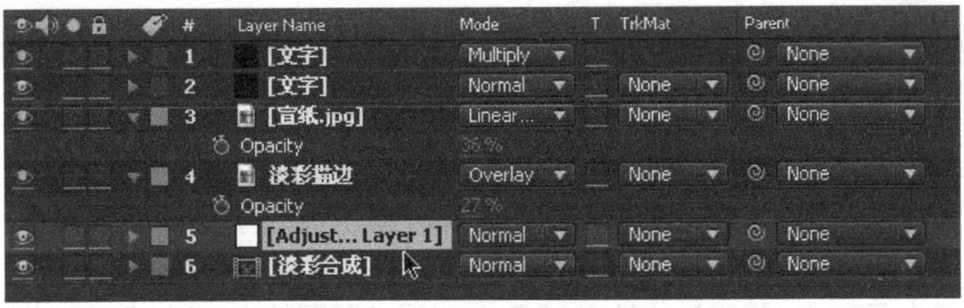

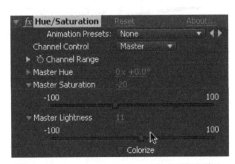

图 5-3-44 调整调节层的位置

㉘ 选择调节层并单击鼠标右键，在弹出的快捷菜单中选择 Effect（特效）> Color Correction（颜色修正）> Hue/Saturation（色相/饱和度）选项。在 Hue/Saturation（色相/饱和度）特效控制面板中，将 Channel Control（通道控制）设置为 Master（主），Master Saturation（主饱和度）设置为-20，Master Lightness（主亮度）调整为 11，如图 5-3-45 所示。淡彩效果制作完成，最终效果如图 5-3-46 所示。

图 5-3-45 Hue/Saturation（色相/饱和度）
　　　　　特效的参数设置

图 5-3-46 淡彩效果

案例小结

本例提供的淡彩效果的制作思路，有些类似于水墨画的制作。淡彩效果的制作也有其他方式，这里再介绍一种制作淡彩的方法，比较两种方法的异同，便于加深对颜色调整特效功能的理解。

 知识拓展

淡彩效果制作的另一种方法如下。

① 创建一个 Preset（预置）为 Custom 的合成，画面大小设置为 800×600，时间长度设为 6 秒，像素长宽比设成 1，将其命名为"淡彩"。

② 将"第 5 章/5.3"中，名字为"dancai"的图片文件导入，并将其添加到时间线面板中，如图 5-3-47 所示。

图 5-3-47　图片"dancai"被添加到时间线面板中

③ 选择素材层，鼠标单击 Effect（特效）>Color Correction（颜色修正）>Levels（色阶）特效。在特效设置窗口，将 Input Black（输入黑色阈值）值调整为 15，Input White（输入白色阈值）调整为 200，如图 5-3-48 所示。

④ 鼠标单击 Effect（特效）> Noise&Gain（噪点和颗粒）> Median（中间值）选项，将 Radius（半径）值调整为 4，如图 5-3-49 所示，此时的画面如图 5-3-50 所示。

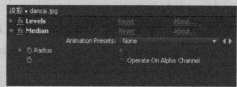

图 5-3-49　调整 Median（中间值）特效，给画面增加一些杂点

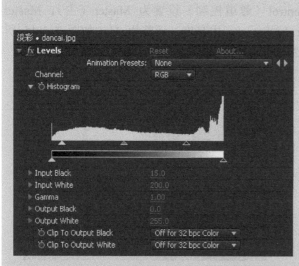

图 5-3-48　Levels（色阶）特效的参数调整　　图 5-3-50　增加杂点后的画面效果

⑤ 选择命令 Effect（特效）>Color Correction（颜色修正）> Hue/Saturation（色调/饱和度）特效。进入特效设置窗口，设置 Master Saturation 为-35，如图 5-3-51 所示。此时监视窗画面如图 5-3-52 所示。

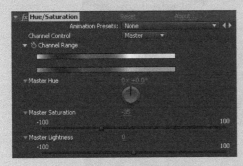
图 5-3-51　降低色彩的饱和度

图 5-3-52　调整后监视窗中的画面

⑥ 选择命令 Effect（特效）>Blur & Sharpen（模糊和锐化）>Gaussian Blur（高斯模糊），使画面模糊，这里将 Blurriness（模糊值）设成 2.0，如图 5-3-53 所示。

⑦ 选择命令 Layer（图层）>New（新建）>Solid（固态层），创建一个固态层，设置颜色为 R：200，G：160，B：100，如图 5-3-54 所示。

图 5-3-53　调整模糊参数

图 5-3-54　新建一个黄色的固态层

⑧ 选择新建的固态层，将其拖曳到"dancai"层下。设置"dancai"层叠加模式为 Multiply（正片叠底模式），如图 5-3-55 所示。

图 5-3-55　将固态层叠加方式设置为 Multiply（正片叠底模式）

⑨ 选择固态层，按快捷键 T，将透明度参数设置为 80%，如图 5-3-56 所示。

图 5-3-56　将固态层透明度设置为 80%

⑩ 淡彩效果制作完成，最终效果如图 5-3-57 所示。

图 5-3-57　淡彩效果画面

5.4　画面的分区域校色

学习要点

- 熟悉 Hue/Saturation、Curves 等特效的功能
- 掌握 Mask 的绘制应用技巧

案例分析

　　画面中不同区域的色彩不同，对色彩的要求也不同。划定区域、分区域地对画面进行校色往往能达到比较理想的效果。分区域校色能让风景画面变得更漂亮，更具观赏性，因此常应用于宣传片、专题片的制作。
　　分区域校色的基本思路是使用 Mask 为画面分层，对各层画面单独调色，用多层叠加的方式达到美化画面的目的。
　　本例的难点在于对 After Effects 内置调色滤镜的理解与运用，通过使用 Mask（遮罩），合成真实云彩，并对画面进行匹配，使画面效果达到最佳。
　　分区域校色画面的效果如图 5-4-1 所示。

第5章 颜色调整

图 5-4-1 分区域校色效果图

操作流程

① 创建一个预置为 PAL D1/DV 的合成，将其命名为"分区校色"，像素长宽比设置为 D1/DV PAL（1.09），时间长度设置为 6 秒，如图 5-4-2 所示。

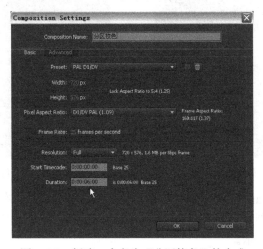

图 5-4-2 新建一个名为"分区校色"的合成

② 将"第 5 章/5.4"中名字为"shan"的文件导入，并将其添加到时间线面板中，如图 5-4-3 所示。

图 5-4-3 名字为"shan"的素材被添加到时间线中

③ 选择 Effect（特效）>Color Correction（颜色修正）>Curves（曲线）特效，向素材层添加 Curves（曲线）特效。在特效设置窗口中，通过调整曲线图的走势，调整画面的层次，尤其是调整画面中除天空以外部分的层次。调整后的曲线图如图 5-4-4 所示。调整后的画面效果如图 5-4-5 所示。

203

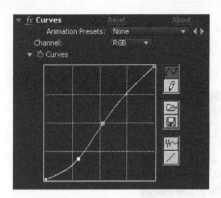

图 5-4-4 调整后的 RGB 曲线

图 5-4-5 曲线调整后的画面

④ 选择 Effect（特效）>Color Correction（颜色修正）>Hue/Saturation（色相/饱和度）特效，向素材层添加（Hue/Saturation）色相/饱和度特效。在特效设置窗口，调整色饱和度，将 Master Saturation 值设置为 30，如图 5-4-6 所示。设置 Channel Control（通道控制）为 Greens，调整到绿色通道，设置 Green Saturation（绿色色饱和度）值为 50，如图 5-4-7 所示。

图 5-4-6 提升画面的色饱和度

图 5-4-7 提升绿色通道色饱和度

⑤ 选择素材层"shan"，使用钢笔工具（如图 5-4-8 所示），在监视窗中绘制天空区域的 Mask（遮罩）[1]。绘制时不需要将边界绘制的特别精确，能把天空和山区分开就可以。绘制好的遮罩[2]如图 5-4-9 所示。

⑥ 在时间线中展开素材层的 Mask（遮罩）参数栏，将 Inverted（反转）项选中，将遮罩反转，如图 5-4-10 所示。此时监视窗画面如图 5-4-11 所示。

---

1 遮罩是一个用路径工具绘制的封闭区域，本身不包含图像数据。它位于图层之上，用于控制图层的透明区域和不透明区域。当对图层进行操作时，被遮挡住的部分不会受到影响。在 After Effects 中遮罩是由一个封闭的贝塞尔曲线构成的路径轮廓，轮廓之内或者之外（可以反转）的区域就是抠像的依据。

创建遮罩的方式有很多，常用的有通过遮罩工具创建遮罩，遮罩工具如在图所示；通过钢笔工具创建遮罩；通过"New Mask"（新建遮罩）菜单创建遮罩，鼠标单击 Layer>Mask> New Mask，即可创建一个和图层大小一致的矩形遮罩；通过"Auto-trace"（自动跟踪蒙版）创建遮罩，鼠标单击 Layer> Auto-trace，可以根据图层的 Alpha 通道、R、G、B 通道和亮度信息自动生成路径遮罩。

遮罩工具

2 对于绘制好的遮罩，可以用工具栏中的箭头工具移动控制点的位置。也可以用钢笔工具在遮罩边界上单击，增加控制点。用箭头工具选中控制点，按键盘上的 Delete 键可以删除控制点。

第 5 章 颜色调整

图 5-4-8 工具栏中的钢笔工具　　　　　　图 5-4-9 绘制好的遮罩区域

图 5-4-10 将遮罩反转

图 5-4-11 将遮罩反转后的监视窗画面

⑦ 将 "第 5 章/5.4" 中名字为 "yun" 的文件导入，将其放置在图层堆栈中素材层 "shan" 下面。展开 Scale（大小/缩放）参数栏，调整画面尺寸，设置 Scale 参数为（111.0，111.0%），如图 5-4-12 所示。

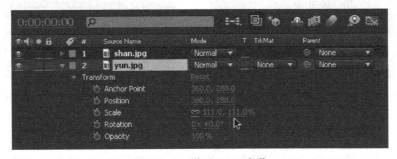

图 5-4-12 设置 Scale 参数

205

⑧ 选择"shan"层,单击 Masks 前的小三角,单击 Mask1 前的小三角,展开 Mask1 的参数,将 Mask Feather(遮罩羽化)[1]值设置为(200.0,200.0),如图 5-4-13 所示。监视窗画面如图 5-4-14 所示。

图 5-4-13　调整遮罩的羽化值

图 5-4-14　羽化后两层素材能较好的融合

⑨ 选择"yun"层,单击 Effect(特效)>Color Correction(颜色修正)>Hue/Saturation(色相/饱和度),为该层添加 Hue/Saturation(色相/饱和度)特效。进入特效设置窗口,勾选 Colorize(彩色化)[2]选项,设置 Colorize Hue(彩色化色相)的值为(0× +212.0°),Colorize Saturation(彩色化饱和度)的值为 72,Colorize Lightness(彩色化亮度)的值为 15,如图 5-4-15 所示。此时监视窗画面如图 5-4-16 所示。

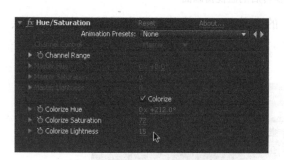

图 5-4-15　Colorize 项的设置

图 5-4-16　调整完"yun"层后的叠加效果

---

1 也可以按 F 键,打开 Mask Feather(遮罩羽化)项参数。
2 Colorize(彩色化),控制是否彩色化画面的选项,如果勾选此项,默认的彩色化色相为红色(0× 0.0°),25%的饱和度和 0%的亮度。通过这种方法可以获得单色的图像。

⑩ 选择"shan"层，按组合键 Ctrl+D 将其复制一层，命名为"shan02"，使用钢笔工具为其绘制 Mask（遮罩）[1]，如图 5-4-17 所示。将 Mask Feather（遮罩羽化）值设置为（120.0，120.0），如图 5-4-18 所示。

图 5-4-17　给山底的树绘制遮罩

图 5-4-18　调节遮罩的羽化值，使边界不明显

⑪ 选择"shan"层，进入特效设置窗口，重新调整 Curves（曲线）特效和 Hue/Saturation（色相/饱和度）特效[2]，此时的调整主要影响画面中非遮罩区域。参数调整情况如图 5-4-19，5-4-20 所示。

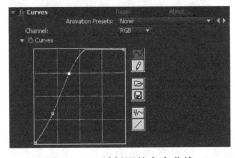

图 5-4-19　重新调整亮度曲线

图 5-4-20　调整绿色通道色饱和度

⑫ 选择 Layer（图层）>New（新建）>Adjustment Layer（调节层）命令，创建一个调节层，如图 5-4-21 所示。

⑬ 选择调节层，向其添加 Effect（特效）>Color Correction（颜色修正）> Hue/Saturation（色相/饱和度）特效。进入特效设置窗口，设置 Master Saturation 值为–30，如图 5-4-22 所示。

1　这里绘制遮罩，是想对遮罩区域单独作颜色调整，不影响画面其他区域。
2　此时的调整只针对非遮罩区域，即使高亮区域亮度超标也没有关系。

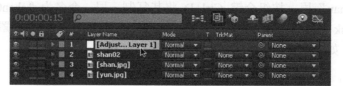

图 5-4-21　新建一个调节层

图 5-4-22　降低画面整体的色饱和度

⑭ 选择 Effect（特效）>Color Correction（颜色修正）>Curves（曲线）特效命令，向素材层添加 Curves（曲线）特效，调解曲线如图 5-4-23 所示。最终画面效果。如图 5-4-24 所示。

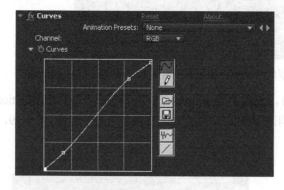

图 5-4-23　调整曲线改善画面层次

图 5-4-24　分区校色的最终效果

案例小结

图 5-4-26　草叶上的一只蜻蜓

分区域校色核心是设定遮罩区域，通过遮罩来实现对画面特定区域颜色的调整。但对有些画面来说，用遮罩调整画面局部就会非常麻烦。如图 5-25 所示，画面中一只蜻蜓落在草上，要调整除蜻蜓以外画面的颜色，对于静态图片用遮罩来实现即可。如果素材是动态的，就需要每帧画面都调整 Mask，画这样一个动态的 Mask 要耗费大量的时间，工作效率非常低，用遮罩是不太实用的。

不用遮罩也可以改变画面内局部区域的颜色，这里列举两个方法。

知识拓展

1. 使用 Leave Color 特效制作去除选取颜色以外的颜色

① 创建一个预置为 PAL D1/DV，像素长宽比为 D1/DV PAL（1.09），时间长度为 6 秒的合成，将其命名为"去色"，如图 5-4-26 所示。将"第 5 章/5.4"中名字为"蜻蜓"的文件导入，将其添加到时间线面板中。

② 为了更好地进行去色的工作，这里先为图片添加 Effect（特效）>Color Correction（颜色修正）>Curves（曲线）特效。在曲线上增加两个控制点，使亮部更亮，暗部更暗一些，如图 5-4-27 所示。

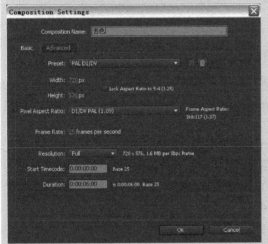

图 5-4-26　新建一个名字为"去色"的合成

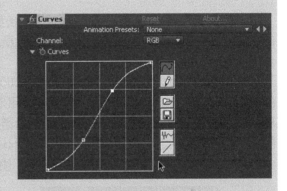

图 5-4-27　调整曲线形状

③ 选择 Effect（特效）>Color Correction（颜色修正）>Leave Color（去色）特效命令，进入特效设置窗口。单击 Leave Color 特效中的 Color to Leave 参数右边的颜色吸管，如图 5-4-28 所示，到监视窗中拾取图像中蜻蜓的红色部分，如图 5-4-29 所示。

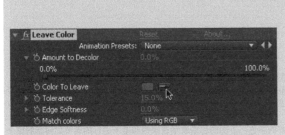

图 5-4-28　Color to Leave 参数拾取颜色的吸管

图 5-4-29　拾取蜻蜓尾巴上的颜色

④ 将参数 Amount to Decolor 调成 95.0%，将参数 Tolerance 调成 34.0%，如图 5-4-30 所示，此时画面除红色以外的颜色都变成黑白，达到了去色的目的，如图 5-4-31 所示。

图 5-4-30　Leave Color 特效的参数调节

图 5-4-31　画面中只有蜻蜓是彩色的

2. 使用 Hue/Saturation（色相/饱和度）特效保留画面指定颜色

① 创建一个预置为 PAL D1/DV，像素长宽比为 D1/DV PAL（1.09），时间长度为 6 秒的合成，将其命名为"去色 02"。将"第 5 章/5.4"中名字为"蜻蜓"的文件导入，并将其添加到时间线面板中。

② 选择 Effect（特效）>Color Correction（颜色修正）>Hue/Saturation（色相/饱和度），为该层添加 Hue/Saturation（色相饱和度）特效。进入特效设置窗口，将 Channel Range（通道范围）调整为 Reds（红色通道）[1]。特效设置中 Channel Range（通道范围）下方的颜色条上出现竖条和三角[2]，如图 5-4-32 所示。

③ 拖动小三角，重新定位羽化的区域，使红色通道定位更准确，如图 5-4-33 所示。

图 5-4-32　红色通道模式下的 Hue/Saturation 特效

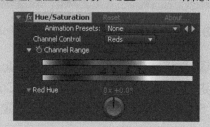

图 5-4-33　重新定义红色通道的范围

④ 将 Channel Range（通道范围）分别调整为除 Reds（红色通道）和 Master 以外的通道，并将这些通道的 Saturation（色饱和度）均设为-100，如图 5-4-34 所示。此时画面的效果，如图 5-4-35 所示。

1　画面中蜻蜓的主要颜色就是红色，红色通道对蜻蜓的色彩的影响最大。
2　当选择除 Master 以外的单一颜色通道时，在两个颜色条之间就会出现两个小竖条和两个小三角。选择单个颜色通道是一种符号，让选区在颜色条上迅速定位到所需要的颜色，并不是选择了 Green 就只能调绿色，主要还是靠上面的三角和竖条来定义颜色范围。

在 Channel Range（通道范围）上，上面的色条表示调节前的颜色，下面的色条表示在满饱和度下进行的调节如何影响整个色调。颜色通道范围中的两个竖条代表颜色的选择区域，两个三角形代表羽化的区域。怎样选择色区非常有讲究，如果随意地拨动两个小竖条，会发现画面变得斑驳陆离，一定要细致慢慢地拨动它，调整的同时观察画面变化，这样才能找到想要的选区并进行细微的调整。

第 5 章 颜色调整

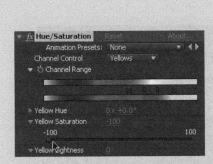

图 5-4-34　黄色通道的色饱和度调成-100　　图 5-4-35　画面中只有蜻蜓是彩色的

⑤ 使用这种方法，不仅可以将蜻蜓以外的颜色去色，还可以方便的改变蜻蜓的颜色。如果将蜻蜓的颜色改成绿色，就可以这样做。

将 Channel Range（通道范围）调整为 Reds（红色通道）。调整 Red Hue（红色色调）的同时，观察画面中蜻蜓颜色变化，当 Red Hue（红色色调）调整成 0× +114.0°时，如图 5-4-36 所示，蜻蜓的颜色变成绿色，如图 5-4-37 所示，画面中蜻蜓颜色发生变化。

图 5-4-36　Red Hue 调整成（0×+114.0°）　　图 5-4-37　蜻蜓的颜色变成绿色

5.5　颜色匹配

学习要点

- 掌握颜色匹配的思路和方法
- 熟悉颜色调整插件 Synthetic Aperture Color Finesse 的使用方法
- 掌握示波器的应用技巧

案例分析

同一场景内的不同镜头间常会出现影调不一致的情况。为了保证画面色调的一致性，在合成中，常需要匹配不同镜头之间的颜色。颜色调整插件 Synthetic Aperture Color Finesse 的颜色匹配功能，可以将两个不同的对象真实地融合到一个场景中，实现镜头色调的一致，保证镜头组接的流畅自然。

本例中素材 clip04 是偏色的素材，为了完成颜色匹配，用素材 clip05 作为颜色匹配的参考。颜色匹配前两个镜头的画面，如图 5-5-1 所示。颜色匹配后的镜头，如图 5-5-2 所示。严重偏黄的的画面，已经被匹配成绿色。

图 5-5-1　原素材前两个镜头的画面

图 5-5-2　颜色匹配后后两个镜头的画面

操作流程

① 创建一个预置为 PAL D1/DV 的合成，将其命名为"Match Color"，像素长宽比设置为 D1/DV PAL（1.09），设置时间长度为 6 秒，如图 5-5-3 所示。

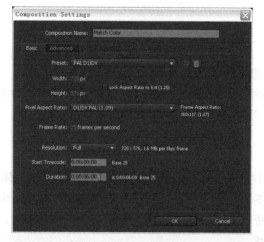

图 5-5-3　创建一个名为"Match Color"的合成

② 将"第 5 章/5.5 颜色匹配/素材"中,名字为"clip04"、"clip05"的视频文件复制到 D 盘的根目录下[1]。将这两个文件导入工程,并添加到时间线面板中,如图 5-5-4 所示。

图 5-5-4　素材被添加到时间线面板中

③ 为方便拾取颜色,两个素材需同时在监视窗中出现,这里将素材 clip05 的位置向下移动。按住 Shift 键[2]的同时用鼠标将合成监视窗中 clip05 素材向下移动,如图 5-5-5 所示。

图 5-5-5　两个素材同时在合成监视窗中出现

④ 鼠标单击 Layer(图层)>New(新建)>Adjustment Layer(调节层)[3],创建一个调节层。创建完调节层的时间线,如图 5-5-6 所示。

图 5-5-6　在素材层上创建一个调节层

⑤ 选中调节层,鼠标单击 Effect(特效)>Synthetic Aperture>SA Color Finesse2,为调节层应用 Color Finesse 特效,特效设置窗口[4],如图 5-5-7 所示。

---

1 如果在原目录中导入,Color Finesse 在使用过程中可能出现不能进入完整界面的情况。Color Finesse 历来对中文文件名支持性较差,导入的文件最好以英文、拼音或数字命名。除此之外,导入文件的路径中也不能有中文出现。复制到 D 盘的根目录下就是避免路径中出现中文。

2 按住 Shift 键能保证素材垂直移动,素材位置在水平方向上不发生偏移。

3 也可以使用快捷键:Ctrl+Alt+Y。

4 本例使用的是 Color Finesse 中文版。

图 5-5-7　Color Finesse 特效设置窗口

⑥ 鼠标点击"完整界面"按钮，进入 Color Finesse 调色完整界面，如图 5-5-8 所示。界面左上方为示波器的显示界面，右上方为预览窗口，下方为调色工具栏。

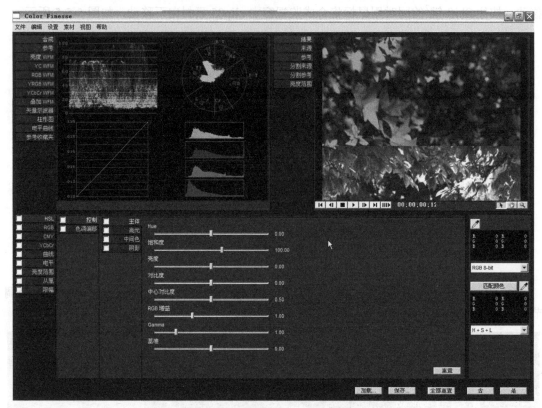

图 5-5-8　Color Finesse 调色界面

⑦ 在调色工具栏中，无论切换到哪一栏，工具栏的右侧都有颜色匹配面板，如图 5-5-9 所示。鼠标单击 HSL 选项栏[1]，选中控制面板中的主体、高光、中间色、阴影，如图 5-5-10 所示。

⑧ 选择颜色匹配面板上方的滴管工具，在上半部分画面中的树叶上单击，拾取需要匹配的颜色，如图 5-5-11 所示。此时，上方的源色栏和下方匹配栏的左侧都显示吸管拾取的颜色。如图 5-5-12 所示。

---

[1] 单击 HSL 选项栏是选择调色方式，HSL 中，H 指 Hue，即色相，S 指 Saturation，即饱和度，L 指 Lum，即亮度。选择不同的调色方式，颜色匹配的效果会有所不同。

图 5-5-9 颜色匹配面板

图 5-5-10 选中控制面板中的四个选项

图 5-5-11 用吸管拾取源色

图 5-5-12 拾取完源色的源色栏和匹配栏

⑨ 选择颜色匹配面板下方匹配栏中的滴管工具,在下半部分画面中的树叶上单击,拾取要匹配的目标色,如图 5-5-13 所示。此时,下方匹配栏的右侧显示吸管拾取的目标色,如图 5-5-14 所示。

图 5-5-13 用吸管拾取目标色

图 5-5-14 匹配栏的右侧显示目标色

⑩ 在颜色匹配面板下方的下拉菜单中,选择颜色匹配的方式。这里选择色调,对色调进行匹配,如图 5-5-15 所示。

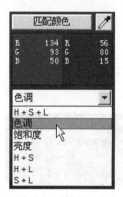

图 5-5-15 选择色调匹配

图 5-5-16 颜色匹配按钮

⑪ 单击颜色匹配按钮，如图 5-5-16 所示。源色栏右侧显示匹配后的颜色，如图 5-5-17 所示。此时的合成监视窗画面如图 5-5-18 所示。

图 5-5-17 源色栏右侧显示匹配后颜色

图 5-5-18 颜色匹配后的合成监视窗画面

⑫ 分别单击 HSL 选项栏，控制面板中的四个选项，对各选项中的 Hue（色调）、饱和度、亮度等参数做微调，细致调整上半部分画面的色彩，微调后画面如图 5-5-19 所示。.

图 5-5-19 微调各参数后的合成监视窗画面

⑬ 单击 Color Finesse 调色完整界面右下角的"是"按钮，完成颜色匹配，回到 After Effects CS4 界面中。将颜色匹配的参考素材 clip05 从时间线面板中删除[1]，如图 5-5-20 所

---

1 选中该层，按键盘上的 Delete 键即可。

示。此时合成监视窗画面如图 5-5-21 所示，颜色匹配完成。

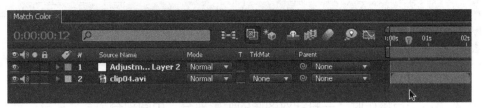

图 5-5-20　删除参考素材 clip05 后的时间线面板

图 5-5-21　完成颜色匹配的素材画面

案例小结

颜色匹配的质量与吸管拾取到的颜色息息相关。常用的做法是拾取类似位置的颜色，如本例中源色拾取的是页面中心处的颜色，如图 5-5-11 所示，目标色拾取的依然是页面中心处的颜色，如图 5-5-13 所示。保持拾取位置类似，往往容易达到比较满意的效果。本例主要介绍 Color Finesse 插件的颜色匹配功能，下面介绍 Color Finesse 插件的几个其他功能，供读者学习参考。

知识拓展

1. 定义调节范围

① 创建一个预置为 Custom 的合成，画面大小设置为 800×600，时间长度设为 6s，像素长宽比设成 1，将其命名为 "color"。

② 将 "第 5 章/5.3" 文件夹中，名字为 "dancai" 的图片文件复制到 D 盘的根目录下。将其导入，并添加到时间线面板中，如图 5-5-22 所示。

③ 为时间线上的素材应用 Effect（特效）>Synthetic Aperture>SA Color Finesse2 特效，并进入 Color Finesse 调色完整界面。

图 5-5-22 生饭图片 "dancai" 被添加到时间线面板中

④ 在进行调色操作时，一般针对图像的阴影部分、中间部分或高亮部分分别进行调节。为了能够调整精确，通常要依次确定阴影部分、中间部分或高亮部分的亮度范围[1]。鼠标单击下方调色窗口工具栏中亮度范围，切换到亮度范围调整模式，如图 5-5-23 所示。在亮度范围调整模式下可以对图像的阴影区域、中间区域和高亮区域重新定义。鼠标单击右上方预览窗口工具栏中亮度范围，在监视窗中显示画面亮度区域，如图 5-5-24 所示。

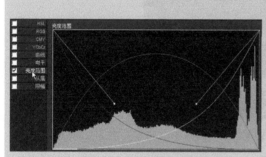

图 5-5-23　亮度范围调整模式　　　　　图 5-5-24　画面亮度区域显示

⑤ 在调色窗口中向上拖动黑色曲线句柄，即增加阴影区域范围；向下拖动白色曲线句柄，即减小高亮区域，如图 5-5-25 所示。调整时，可以一边调整一边看监视窗画面亮度区域的变化，单击重置按钮可恢复当前参数的默认值。

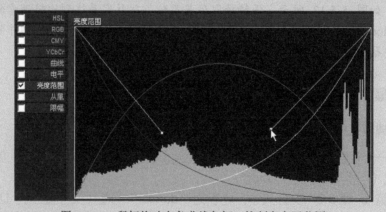

图 5-5-25　鼠标拖动白色曲线句柄，控制高亮区范围

⑥ 鼠标单击限幅，切换到限幅栏下，将视频制式设为 PAL，有助于调色时避免使用一些电视机无法显示的颜色，如图 5-5-26 所示。

---

1 以 8bits 位深度为例。在默认情况下，0～85 的参数范围影响图像的阴影部分；86～170 范围影响中间色调的区域；171～255 范围影响高亮区域。

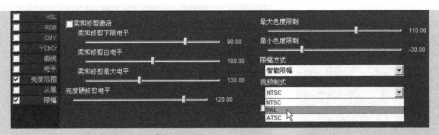

图 5-5-26 设置视频制式

2. 曲线调节

Color Finesse 的调色工具栏中,有很多种调色方式,这里仅以曲线调节为例,简述 Color Finesse 的使用。

用曲线进行颜色校正,可以获得更大的自由度,可以在曲线上添加控制点,还可以通过调整切线句柄,对定义好的颜色范围进行更为精确和复杂的调整。同时,曲线调整具有更加强大的交互性,可以实时观察曲线外形和图像效果之间的关联。

鼠标在调色工具面板中单击曲线,切换到曲线工具栏,如图 **5-5-27** 所示。

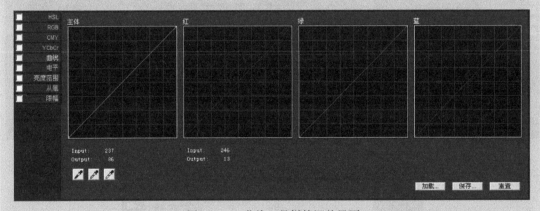

图 5-5-27 曲线工具栏的调整界面

曲线图表是图像中颜色映射的图形表示法。通过改变曲线图表的默认外形,可以重新分配初始的颜色映射。利用曲线控制,可以对图像的色彩进行调整。

曲线图表由主体、红、绿、蓝通道的曲线图构成。源图像的颜色输入值分布在曲线图中水平方向的横轴上,颜色校正后的图像颜色输出值分布在垂直方向的纵轴上。默认状态下,曲线是一条对角线,表示源图像中的颜色输入值和校正后的颜色输出值是相等的,颜色校正操作中没有修改任何参数。

在曲线图表 0~85 的参数范围改变曲线,将会影响图像的阴影部分;在 86~170 范围内改变曲线,将会影响图像中间色调的区域;在 171~255 范围内改变曲线,将影响图像高亮区域。在曲线上方高亮区域增加控制点,如图 **5-5-28** 所示,通过对蓝色曲线的调节,增加蓝色输出值,使画面中高亮区域色调偏蓝,如图 **5-5-29** 所示。

主体曲线主要调整画面的亮度,红、绿、蓝通道的曲线用于调整画面的色彩。多种曲线图配合使用能达到理想的画面效果。图 **5-5-30** 是几个通道曲线图,图 **5-5-31** 是调整后的画面效果。

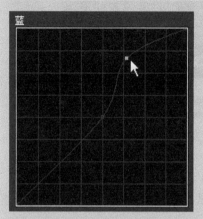
图 5-5-28 增加高亮区蓝色输出值

图 5-5-29 画面中高亮区颜色偏蓝

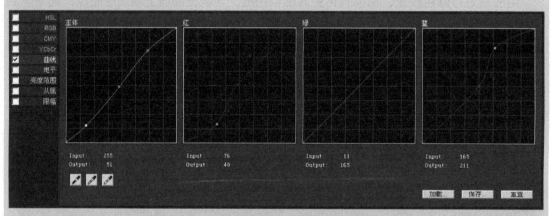
图 5-5-30 曲线调整界面中的曲线

图 5-5-31 曲线调整后的画面效果

3. 示波器的应用

在调色过程中，由于显示器的色还原能力不同，不同显示设备的指标不同，以及其他原因，眼睛看到的颜色可能不是最准确的。例如，在计算机显示器上饱和度、亮度很高的一个片子，在电视机上就无法完全显示颜色。这是因为电视输出的时候一般都以模拟信号输出，这样就会使得在计算机上可以看到的一些细节，在电视机上则无法显示出来。所以在调色的时候，一方面需要配备专业的监视器，另一方面还要使用示波器进行参考。Color Finesse 界面中的示波器，如图 5-5-32 所示。

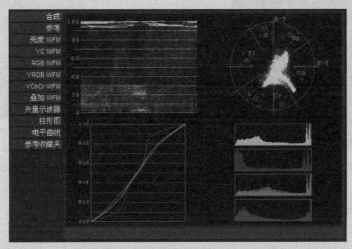

图 5-5-32 Color Finesse 界面中的示波器

在大部分的电影、电视剧制作中，都会用到 Vectorscope 和 Waveform 这两种硬件设备。它们主要用于检测影片的颜色信号。在 Color Finesse 中提供了兼容这些标准色信号检测设备的显示模式。使用这两种模式，可以正确地评估电视的层次，包括颜色、亮度、对比度等参数，使输出的影片符合广播电视标准。另外，在对影片进行颜色校正时，参考示波器上图像的变化，会使颜色调整的方向和幅度更明确。

示波器中的 Vectorscope 主要用于检测信号的色彩。信号的色饱和度构成一个圆形的图表。饱和度从圆心开始向外扩展，越向外饱和度越高。与图 5-5-33 相对应的画面图 5-5-34 的色饱和度就较高。相反与图 5-5-35 对应的画面图 5-5-36 的色饱和度就较低。

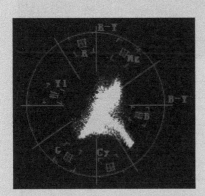 

图 5-5-33 绿色范围向圆心外有较大扩展　　　图 5-5-34 画面的色饱和度较高

圆盘内的小格分别表示完全饱和的色相区域。它们分别是 R（红色）、Mg（品色）、B（蓝色）、CY（青色）、G（绿色），和 Yl（黄色）。其中 R（红色）和 CY（青色），G（绿色）和 Mg（品色），B（蓝色）和 Yl（黄色）是对应的补色关系，分别位于圆心的两侧。

图 5-5-34 中黄色成分非常少，所以信号指向远离 Yl（黄色）的区域。此外，信号的密度表示颜色的分布程度。

图 5-5-35　绿色范围集中在圆心周围

图 5-5-36　画面的色饱和度较低

Waveform 以波形来显示检测信号，使用 IRE（美国无线电工程师学会）的标准单位进行检测。Color Finesse 中提供了亮度 WFM 用来检测信号的亮度；RGB WFM 用来检测 RGB 颜色区间；YCbCr WFM 主要用来检测色差和亮度区间。

以亮度 WFM 为例，水平方向的轴表示视频图像，垂直方向的轴表示亮度。在波形图中，亮的区域总是处于图表上方，而暗色区域总在图表下方。如果波形图主要集中在下方，如图 5-5-37 所示，表示画面亮度偏暗（如图 5-5-38 所示）。如果波形图主要集中在上方，如图 5-5-39 所示，表示画面亮度偏亮（如图 5-5-40 所示）。

图 5-5-37　形图主要集中在下方

图 5-5-38　视频画面偏暗

图 5-5-39　波形图主要集中在上方

图 5-5-40　视频画面偏亮

柱形图可以观看一个素材的动态范围对比度的问题。图表显示出色彩波形的频率分布，横向表示亮度，纵向表示画面中处于该亮度的像素数量，如图 5-5-41 所示。

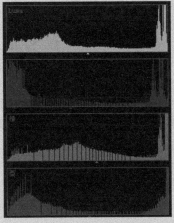

图 5-5-41　柱形图直方图

使用示波器观察颜色，可以让影片无论在何种设备上播出，都能表现出最佳的状态，避免因为显示设备的原因而使影片效果打折扣。

习题

1. **单选题**

（1）打开图层 Scale（大小）参数栏的快捷键是_____。

　　A．S　　　　　　　　B．O　　　　　　　　C．Ctrl+O　　　　　　D．Ctrl+D

（2）Find Edge（查找边缘）特效属于_____滤镜组。

　　A．Color Correction（颜色修正）　　　　B．Curves（曲线）

　　C．Stylize（风格化）　　　　　　　　　　D．Blur&Sharpen（模糊和锐化）

（3）依据亮度实现上下层叠加的叠加模式是_____。

　　A．Overlay　　　　　　　　　　　　　　B．Luminosity

　　C．Darken　　　　　　　　　　　　　　D．Liquify

（4）打开 Mask Feather（遮罩羽化）项参数的快捷键是_____。

　　A．S　　　　　　　　　　　　　　　　　B．F

　　C．Ctrl+O　　　　　　　　　　　　　　D．Ctrl+F

（5）在插件 Color Finesse 界面的示波器中，哪个示波器能监视画面的色饱和度？_____

　　A．Vectorscope　　　　　　　　　　　　B．YCbCr WFM

　　C．RGB WFM　　　　　　　　　　　　D．亮度 WFM

（6）有一种特效能减少图像内杂色，通过对像素亮度的混合，使图像产生一种柔和的墨状效果，这个特效是_____。

　　A．Liquify（液化）　　　　　　　　　　B．Opacity（透明度）

　　C．Fast Blur（快速模糊）　　　　　　　D．Median（中间值）

2．多项选择题

（1）以下特效中，能实现保留单色效果的特效是_____。
    A．Leave Color（去色）   B．Hue/Saturation（色相/饱和度）
    C．Curves（曲线）   D．Stylize（风格化）

（2）在 After Effects CS4 中，对于生成 Mask（遮罩）的说法，正确的是_____。
    A．可以用钢笔工具绘制遮罩
    B．可以利用其他软件，如 Adobe photoshop 来绘制遮罩
    C．可以用矩形和椭圆形遮罩工具绘制规则形状的遮罩
    D．可以在准备建立遮罩的目标层上单击鼠标右键，选择 Mask>New Mask 命令，绘制各种遮罩

（3）下列哪几种混合模式使用层叠加后画面会变亮_____。
    A．Multiply   B．Screen   C．Add   D．Darken

3．思考题

很多影视片都有自己的色彩风格，思考一下，如何通过颜色调整使面呈现出暖色调，如何通过颜色调整使画面呈现出冷色调？

第6章

三维与合成

三维用三个维度来表示对象空间信息，与二维画面相比三维画面更加立体，更有真实感。合成是通过各项处理技术，对多个元素进行拼合或叠加，形成整理的画面效果。三维合成是影视后期制作的重要处理方法。

本章用几个不同类型的典型案例介绍三维合成的使用技巧。

- 掌握三维合成的基本思路
- 能运用摄像机、三维图层等功能展现元素的三维效果

6.1 三维盒子效果的制作

 学习要点

- 了解制作三维效果的基本思路和技巧
- 熟悉三维图层、绑定等工具的功能
- 掌握应用三维图层的技巧

 案例分析

本例将制作一个转动的三维盒子的效果。通过转动，三维盒子的每个角度都呈现在观众眼前，相对于平面效果有更强的立体感，既有娱乐性，又有装饰性。制作过程中需要用到图层属性、绑定、摄像机等功能，通过设定相应参数，完成作品的制作。

三维盒子效果如图 6-1-1 所示。

图 6-1-1 三维盒子效果图

操作流程

① 创建一个预置为 PAL Dl/DV 的合成，将其命名为"box"，设置时间长度为 5 秒，如图 6-1-2 所示。

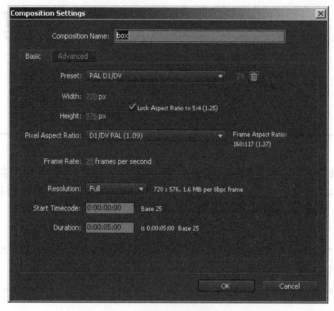

图 6-1-2 "box"合成的相关设置

② 导入"第 6 章/6.1 三维盒子/素材"文件，并将他们添加到时间线面板中，图层排列顺序，如图 6-1-3 所示。

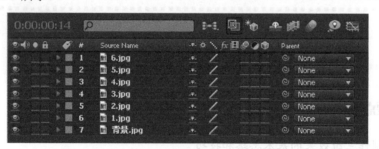

图 6-1-3 添加到时间线中的素材

③ 按 Ctrl 键，用鼠标选中"1.jpg"至"6.jpg"，开启三维模式按钮，如图 6-1-4 所示。

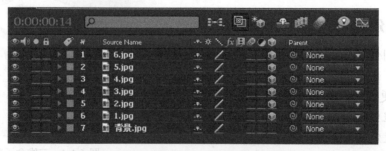

图 6-1-4 开启图层的三维效果后的时间线状态

④ 单击菜单中的 Layer（图层）>New（新建）>Camera（摄像机）命令，建立摄像机。将摄像机命名为 Camera1，如图 6-1-5 所示，创建后的摄像机图层如图 6-1-6 所示。

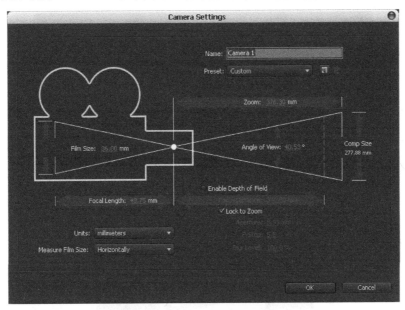

图 6-1-5　默认情况下的摄像机参数

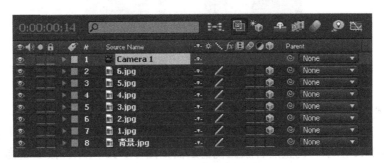

图 6-1-6　时间线中的摄像机层

⑤ 鼠标单击工具栏中的 Unified Camera Tool（统一摄像机工具），如图 6-1-7 所示。在合成窗口中拖动鼠标，设置一个立体感比较强的角度，为拼接盒子做准备，如图 6-1-8 所示。

图 6-1-7　工具栏中的 Unified Camera Tool（统一摄像机工具）

图 6-1-8　摇至合适角度后的合成监视窗画面

⑥ 选择"1.jpg"层，按 P 键激活图层的位移参数，将其第 3 项 Z 轴参数设置为–200，如图 6-1-9 所示。调整后合成监视窗画面如图 6-1-10 所示。

图 6-1-9　调整"1.jpg"层的位移参数

图 6-1-10　调整位移参数后的合成监视窗画面

⑦ 选择"2.jpg"层，按 R 键激活图层的旋转参数，调整画面角度，使画面沿 Y 轴旋转 90 度，如图 6-1-11 所示。调整后合成监视窗画面如图 6-1-12 所示。按 P 键激活该图层的位移参数，将 X 轴数值减小 200，原来为 360，现在则为 160，如图 6-1-13 所示。调整后合成监视窗画面，如图 6-1-14 所示。

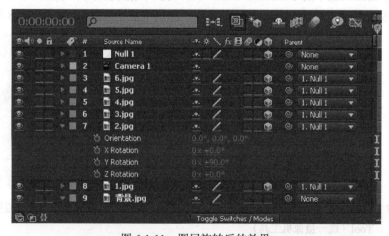

图 6-1-11　图层旋转后的效果

第 6 章 三维与合成

图 6-1-12　图层旋转后的画面效果

图 6-1-13　设置图层位移参数

图 6-1-14　设置图层位移参数后的合成监视窗画面

⑧ 选择 "3.jpg" 层，按 P 键，激活图层的位移参数，将 Z 轴数值增大为 200，如图 6-1-15 所示。调整后合成监视窗画面如图 6-1-16 所示。

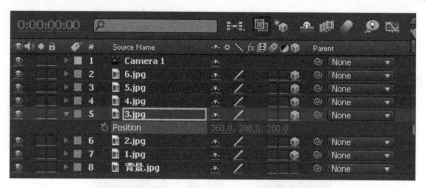

图 6-1-15　设置 "3.jpg" 层的位移参数

图 6-1-16　设置图层位移参数后的合成监视窗画面

⑨ 选择 "4.jpg" 层，按 R 键激活图层的旋转参数，将 X 轴旋转参数设置为 90 度，如图 6-1-17 所示。调整后合成监视窗画面，如图 6-1-18 所示。按 P 键激活图层的位移参数，将 Y 轴数值设置为 488，如图 6-1-19 所示。调整后合成监视窗画面如图 6-1-20 所示。

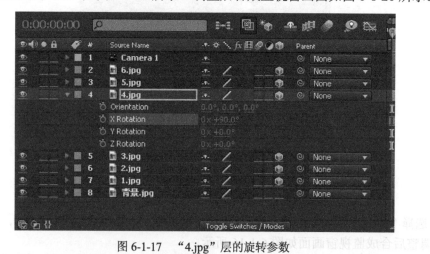

图 6-1-17　"4.jpg" 层的旋转参数

图 6-1-18　修改图层旋转参数后的画面效果

图 6-1-19　设置"4.jpg"层的位移参数

图 6-1-20　设置图层位移参数后的画面效果

⑩ 选择"5.jpg"层，按 R 键激活图层的旋转参数，将 X 轴旋转参数设置为 90 度，如图 6-1-21 所示。调整后合成监视窗画面如图 6-1-22 所示。按 P 键激活图层的位移参数，将 Y 轴数值设置为 88，如图 6-1-23 所示。调整后合成监视窗画面，如图 6-1-24 所示。

图 6-1-21　设置"5.jpg"层的旋转参数

图 6-1-22　修改图层旋转参数后的画面效果

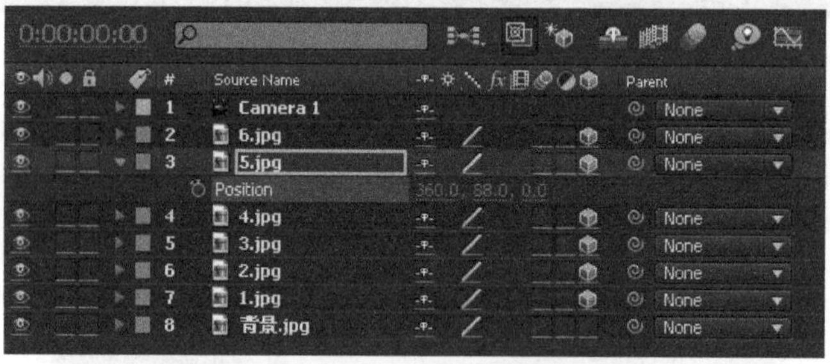

图 6-1-23　设置"5.jpg"层的位移参数

图 6-1-24　设置图层位移参数后的画面效果

⑪ 选择"6.jpg"层，按 P 键激活图层的位移参数，将 X 轴数值设置为 560，如图 6-1-25 所示。调整后合成监视窗画面如图 6-1-26 所示。按 R 键激活图层的旋转参数，将 Y 轴旋转设置为 90 度，如图 6-1-27 所示，画面效果如图 6-1-28 所示。

图 6-1-25　设置"6.jpg"层的位移参数

图 6-1-26　修改图层位移参数后的画面效果

图 6-1-27　设置"6.jpg"层位移参数

⑫ 鼠标单击 Layer（图层）>New（新建）>Null Object（空物体）命令，建立空物体。

⑬ 选中"1.jpg"至"6.jpg"的 6 个图层，在其中任何一个图层的 Parent（父层级）属性下单击，在下拉菜单中选"1.Null1"层，这样就把所有图层链接到了空物体图层上。接下来只要调整空物体的属性就可以带动立方体了，如图 6-1-29 所示。

图 6-1-28 设置图层位移参数后的画面效果

图 6-1-29 设置图层的父子链接

⑭ 选择"Null1"(空物体)图层,打开其三维模式属性,按 R 键显示旋转属性,将 X、Y、Z Rotation 参数前面的码表按下,在时间线起始点打关键帧。如图 6-1-30 所示。

图 6-1-30 激活关键帧后的时间线面板

⑮ 将时间线上的位置标尺拖到尾部,将 X、Y、Z Rotation 参数值设置为 720 度,即旋转两圈,此时自动记录关键帧,完成动画的制作。时间线面板上的参数,如图 6-1-31 所示。

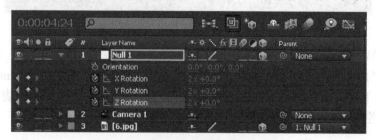

图 6-1-31 设置旋转角度后时间线面板

案例小结

此案例的知识重点是三维图层的使用。开启三维模式效果并不是真正意义的三维，而是通过二维的方法模拟三维效果，呈现出相对二维画面更强的立体感和空间感，带来视觉上的冲击与震撼。当开启三维效果后，在原有的 X 轴和 Y 轴基础上，增加了 Z 轴，即深度值，使位置的调整不再局限在两维空间内，不但可以调节上下左右，还可以调节前后纵深。

拼合立方体的时候，除了用参数化手段调整之外，也可以利用轴向坐标工具直接手动调整，这样更直观、更快捷，但准确性不及参数化调整高。

在三维盒子案例的基础上，只要稍加扩展，就可以制作出如三维相册之类的效果。操作方法相同，三维相册最终效果图，如图 6-1-32 所示，读者在掌握本例操作后，可以尝试三维相册的制作。

图 6-1-32　三维相册的效果

6.2　化妆品广告的制作

 学习要点

- 了解制作三维效果的基本思路和技巧
- 熟悉三维图层旋转、平移、推拉工具的功能
- 掌握应用三维图层的相关技巧

 案例分析

化妆品是每位女性不可或缺的生活用品，随着时代的进步，化妆品不再是女性的专利，很多男士也加入化妆品使用者的行列。化妆品样式众多、纷繁复杂、琳琅满目，在营销推广的过程中，广告起着非常重要的作用。下面制作一个化妆品的广告。在制作过程中需要用到图层属性、摄像机、旋转、推拉、平移等工具的功能，通过设定相应参数，完成效果制作。化妆品广告效果，如图 6-2-1 所示。

图 6-2-1　化妆品广告效果图

操作流程

① 创建一个预置为 PAL Dl/DV 的 Composition（合成），将其命名为"化妆品广告"，设置时间长度为 10 秒，如图 6-2-2 所示。

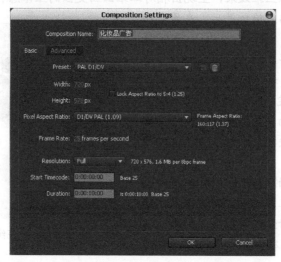

图 6-2-2　"化妆品广告"的 Composition（合成）的相关设置

② 将"第 6 章/6.2 化妆品广告/素材"文件夹下所有素材导入，并将它们添加到时间线面板中，如图 6-2-3 所示。

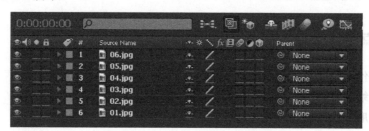

图 6-2-3　添加素材后的时间线面板

③ 按 Ctrl+A 组合键，选中所有层，单击其中一层的三维模式按钮，开启三维图层效果。时间线面板，如图 6-2-4 所示。

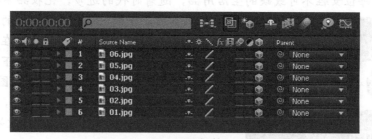

图 6-2-4　开启图层的三维模式按钮

④ 执行 Layer（图层）>New（新建）>Camera（摄像机）命令，建立摄像机。参数为默认值即可，如图 6-2-5 所示，创建摄像机后的时间线面板，如图 6-2-6 所示。

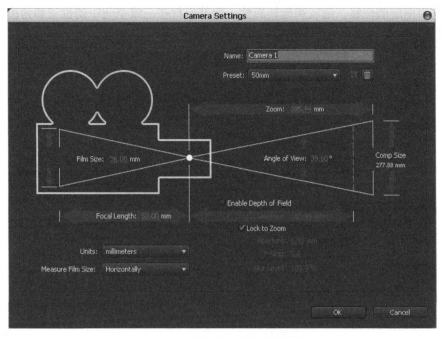

图 6-2-5 摄像机的相关参数设置

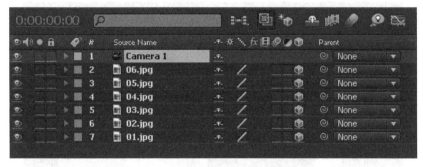

图 6-2-6 创建摄像机图层后的时间线

⑤ 鼠标单击工具栏中的 Unified Camera Tool（统一摄像机工具），如图 6-2-7 所示。在合成窗口中摇动鼠标，设置一个立体感比较强的角度，如图 6-2-8 所示。

图 6-2-7 工具栏中的 Unified Camera Tool　　　　图 6-2-8 摇至合适角度后的效果
　　　　（统一摄像机工具）

⑥ 利用图层的位移、缩放和旋转属性，调节素材在三维空间中的位置和角度，重新排列各图层后的效果，如图 6-2-9 所示。

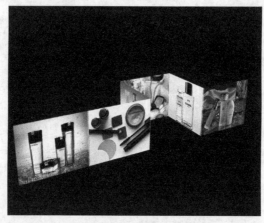

图 6-2-9 调整各图层属性后的监视窗画面

⑦ 选择 3d view popup（三维视图菜单）中的 Camera1，切换视图为 Camera1，利用摄像机工具调整摄像机角度，如图 6-2-10 所示。设置镜头的初始画面。初始画面是化妆品广告动画的起始画面，是给观众的第一印象，它的位置、角度要仔细斟酌。

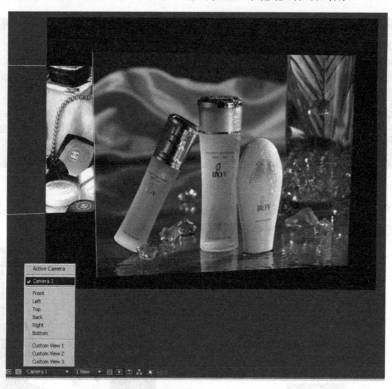

图 6-2-10 设置好初始画面的效果

⑧ 选择摄像机图层，单击图层前面的三角，打开 Transform（变换）的参数，单击 Point of view（目标点）和 Position（位移）参数前的码表，在 0 秒位置打关键帧，如图 6-2-11 所示。

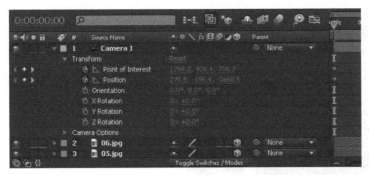

图 6-2-11 设置 Point of view 和 Position 参数的起始关键帧

⑨ 将时间线的位置标尺移动到时间线的尾部，更改 Point of view（目标点）和 Position（位移）两项的参数，进行旋转、移动和推拉，设置结尾帧的画面，合成监视窗效果，如图 6-2-12 所示。

图 6-2-12 时间线尾帧的画面效果

⑩ 为了丰富运动效果，可以在首尾帧中间，再多加一些关键帧，调整画面，增加镜头信息量和冲击力，让动画更加丰富。添加关键帧后的时间线，如图 6-2-13 所示。

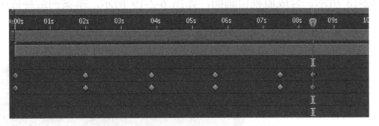

图 6-2-13 时间线上的多个关键帧

⑪ 执行 Layer（图层）>New（新建）>Solid（固态层），新建固态层。将颜色设置为 R：53、G：54、B：78，如图 6-2-14 所示。

⑫ 鼠标单击工具栏上的 Ellipse Tool（椭圆工具），如图 6-2-15 所示，在合成监视窗中绘制遮罩。选中固态层，连续单击两次 M 键，打开遮罩参数，将 Mask Feather（遮罩羽化）参数调大，使过度柔和，时间线窗口，如图 6-2-16 所示。

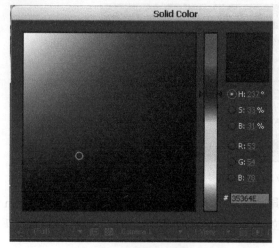

图 6-2-14 设置固态层颜色

图 6-2-15 工具栏中的 Ellipse Tool（椭圆工具）

图 6-2-16 调整羽化值后的遮罩参数

⑬ 鼠标单击菜单中的 Composition（合成）>Background Color（背景颜色）命令，打开 Background Color（背景颜色）对话框，如图 6-2-17 所示。设置背景颜色为 R：8、G：8、B：20，如图 6-2-18 所示。合成监视窗画面，如图 6-2-19 所示。本案例最终效果，如图 6-2-20 所示。

图 6-2-17 背景颜色对话框

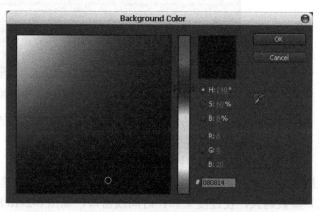

图 6-2-18 设置背景颜色

第 6 章　三维与合成

图 6-2-19　制作遮罩后的合成监视窗画面

图 6-6-20　促销广告效果图

案例小结

广告是为了某种特定的需要，通过一定形式的媒体，公开而广泛地向公众传递信息的宣传手段。广告是兼有视听效果并运用了语言、声音、文字、形象、动作、表演等综合手段进行传播的信息传播方式。传统的电视广告大多是二维的，平面的，如果将三维的效果带入广告中，可以增强广告的立体感，增加广告的观赏性。

知识拓展

前面的操作是本例中使用图片排列的方式完成效果的制作，此处还可以用图片穿梭的效果展示产品信息，下面简要介绍制作方法。

① 创建一个预置为 PAL D1/DV 的合成，将其命名为"图片穿梭"，设置时间长度为 10 秒，如图 6-2-21 所示。

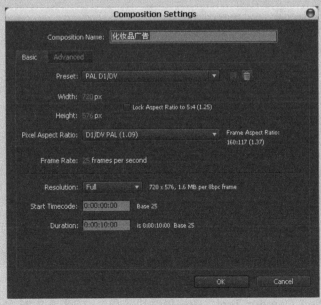
图 6-2-21　"图片穿梭"的合成的相关设置

241

② 将"第6章/6.2 化妆品广告/素材"文件夹下所有素材导入，并将他们添加到时间线面板中，如图 6-2-21 所示。

图 6-2-22　导入素材后的时间线

③ 选择所有层，开启三维图层效果，此时时间线面板，如图 6-2-23 所示。

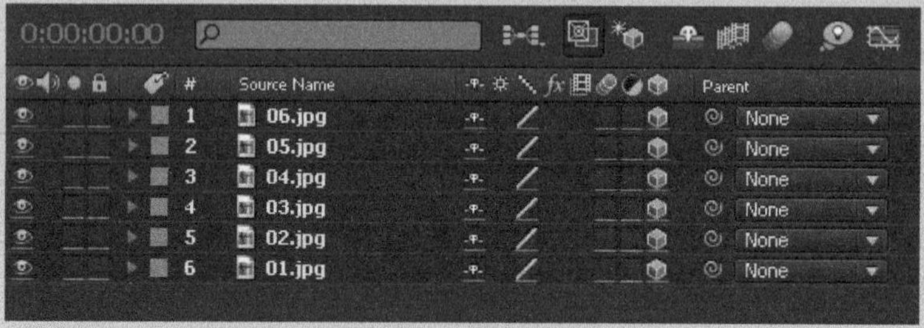

图 6-2-23　开启三维效果后的时间线面板

④ 鼠标单击菜单中的 Layer（图层）>New（新建）>Camera（摄像机）命令，建立摄像机，参数为默认值即可，如图 6-2-24 所示。时间线面板中的摄像机图层，如图 6-2-25 所示。

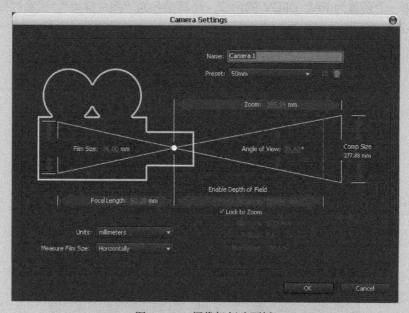

图 6-2-24　摄像机创建面板

⑤ 使用摄 Unified Camera Tool（统一摄像机工具），如图 6-2-26 所示。在合成窗口中摇动鼠标，设置一个立体感比较强的角度，如图 6-2-27 所示。

第 6 章 三维与合成

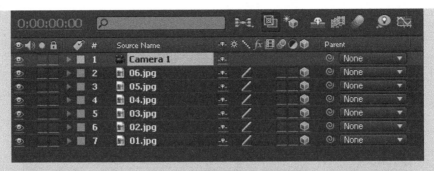

图 6-2-25 创建摄像机后的时间线

图 6-2-26 工具栏中的 Unified Camera Tool （统一摄像机工具）

图 6-2-27 摇至合适角度后的合成监视窗画面

⑥ 利用图层的位移属性和旋转属性，调节其他素材在空间中的位置和角度，重新布局图片位置后的合成监视窗画面，如图 6-2-28 所示。

图 6-2-28 素材重新排列后的效果

图 6-2-29 设置好初始画面后的效果

⑦ 切换视图菜单，选择 "Carema1"，利用摄像机工具调整摄像机角度至如图 6-2-29 位置。根据自己要创建动画的路径来确定当前的视角

⑧ 选择摄像机图层，单击图层前面的三角打开属性参数，单击 Point of Interest 和 Position 两项前面的码表，打关键帧，如图 6-2-30 所示。

243

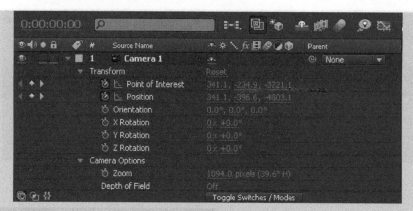

图 6-2-30 打关键帧后的时间线面板

⑨ 将时间线位置标尺拖到尾部,更改 Point of Interest 和 Position 两项的参数,如旋转移动、推拉,自动记录关键帧,完成动画的制作,如图 6-2-31 所示。

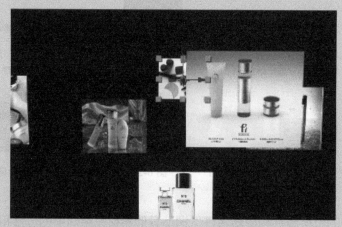

图 6-2-31 制作动画后的效果

⑩ 为了使动画更加丰富,可以在动画进行过程中,再多加一些关键帧,添加关键帧后的时间线面板如图 6-2-32 所示。

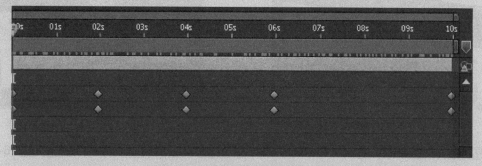

图 6-2-32 加更多关键帧后的效果

⑪ 鼠标单击菜单中的 Layer(图层)>New(新建)>Solid(固态层),建立固态层。颜色设置为 R:53、G:54、B:78,如图 6-2-33 所示。

⑫ 使用工具栏上的 Ellipse Tool（椭圆工具），如图 6-2-34 所示，在合成监视窗中绘制遮罩。选中固态层，连续单击两次 M 键，打开遮罩参数，将 Mask Feather（遮罩羽化）参数调大，如图 6-2-35 所示，使过渡效果柔和。

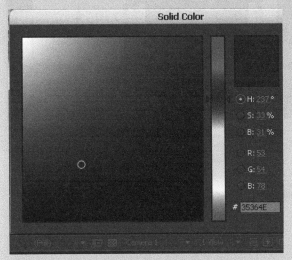

图 6-2-33 新建固态层的颜色拾取界面　　图 6-2-34 工具栏中的 Ellipse Tool（椭圆工具）

图 6-2-35 增加羽化效果的遮罩层

⑬ 鼠标单击菜单中的 Composition（合成）>Background color（背景颜色）。打开 Background color（背景颜色）对话框，如图 6-2-36 所示。设置背景颜色为 R：8、G：8、B：20，如图 6-2-37 所示。制作好的背景效果，如图 6-2-38 所示。最终多层画面合成的效果，如图 6-2-39 所示。至此，图片穿梭效果制作完成。

 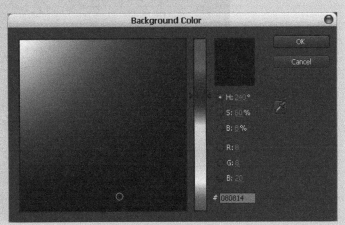

图 6-2-36 背景颜色设置面板　　　　　图 6-2-37 颜色拾取面板

245

图 6-2-38 加入遮罩的背景效果

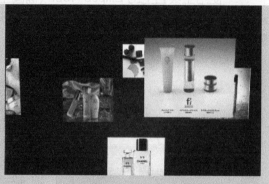
图 6-2-39 最终画面效果

6.3 三维片头的制作

学习要点

- 了解三维片头制作的基本思路和技巧
- 熟悉三维图层、粒子等工具的功能
- 掌握三维图层的应用技巧

案例分析

三维效果的片头具有强烈的视觉冲击力和感染力,可以为视频起到包装、美化,甚至提纲挈领的作用。这一节学习如何制作带有三维效果的片头,制作过程需要用到图层属性、摄像机、粒子等功能,各功能协同配合,才能完成最终效果制作。

三维盒子效果,如图 6-3-1 所示。

图 6-3-1 三维片头的效果图

第 6 章 三维与合成

操作流程

① 创建一个预置为 PAL Dl/DV 的合成,命名为"三维片头",设置时间长度为 10 秒,如图 6-3-2 所示。

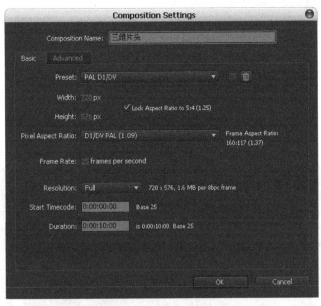

图 6-3-2 新建一个名为"三维片头"的合成

② 将"第 6 章/6.3 三维片头/素材/花 a.rar"解压缩到当前文件夹,鼠标在 After Effects CS4 工程窗口中双击,从导入文件窗口中选择"花 a"文件夹中的素材,选中导入窗口下方的 Targa Squence(tga 格式序列图片)项,识别序列素材,如图 6-3-3 所示。在 Interpret Footage(解释素材)对话框中,保持默认参数不变,如图 6-3-4 所示,单击"OK"按钮将素材导入。

图 6-3-3 在导入素材窗中选择序列文件　　图 6-3-4 默认参数下的 Interpret Footage 窗口

247

③ 鼠标单击菜单中的 Layer（图层）>New（新建）>Solid（固态层）命令，如图 6-3-5 所示，或使用组合键 Ctrl+Y，新建固态层。固态层颜色设为 R：60、G：60、B：60，如图 6-3-6 所示。

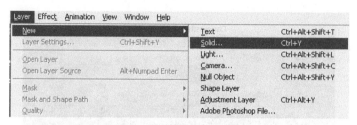

图 6-3-5　创建固态层命令

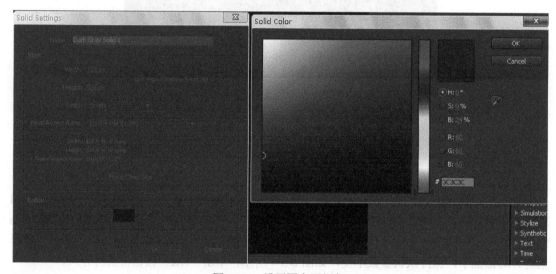

图 6-3-6　设置固态层颜色

④ 使用遮罩工具中的 Rectangle Tool（矩形工具），如图 6-3-7 所示。在合成监视窗中绘制矩形，如图 6-3-8 所示。。

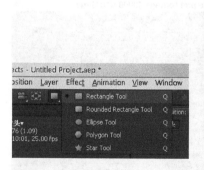

图 6-3-7　选择 Rectangle Tool
　　　　　（矩形工具）

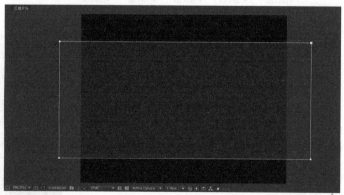

图 6-3-8　绘制矩形遮罩

⑤ 打开固态层参数,将 Mask Feather 参数调整至 150.0,如图 6-3-9 所示。此时遮罩的边缘过渡柔和,如图 6-3-10 所示。选中固态层,按回车键,将固态层重命名为"背景",如图 6-3-11 所示。

图 6-3-9　修改固态层 mask feather 参数

⑥ 新建固态层,使用 Rounded Rectangle Tool(圆角矩形工具),如图 6-3-12 所示,绘制圆角矩形遮罩,如图 6-3-13 所示。将固态层重命名为"前",

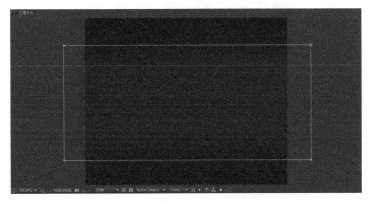

图 6-3-10　羽化遮罩边缘

图 6-3-11　重命名固态层

图 6-3-12　选择 Rounded Rectangle Tool(圆角矩形工具)

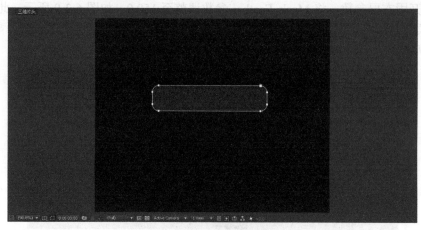

图 6-3-13 绘制遮罩

⑦ 鼠标单击菜单中的 Effect（特效）>Generate（渲染）>Ramp（渐变）命令，如图 6-3-14 所示。

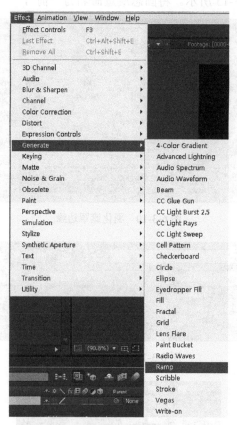

图 6-3-14 执行菜单中的渐变命令

⑧ 鼠标单击 Start of Ramp（渐变起点）的准心，将其调整至前板上方。将 End of Ramp（渐变终点）调整至前板下方。为了保证渐变方向垂直，起点和终点的 X 轴值需要保持一致。将起点颜色的 RGB 设为 117、57、21。具体参数设置，如图 6-3-15 所示。

第 6 章 三维与合成

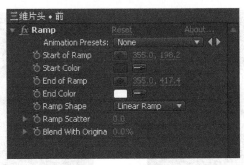

图 6-3-15　调节渐变参数

⑨ 打开"前"图层参数，将遮罩羽化值调整为 1，如图 6-3-16 所示。合成监视窗画面效果如图 6-3-17 所示。

图 6-3-16　调整羽化参数

图 6-3-17　合成监视窗中的图层效果

⑩ 选中"前"图层，按 Ctr+D 组合键，复制一图层，命名为"后"，如图 6-3-18 所示。

图 6-3-18　复制一个图层"后"

⑪ 使用文字工具添加文字，本例输入的文字内容是"After Effects"，如图 6-3-19 所示。

⑫ 调整文字颜色，本例使用黄色文字，制作好的文字效果，如图 6-3-20 所示。

⑬ 单击菜单中的 Effect（特效）>Stylize（风格化）>Glow（光晕）命令，为文字增加光晕效果。光晕的相关参数设置，如图 6-3-21 所示。

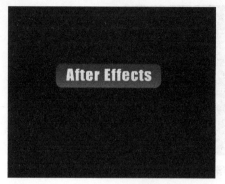 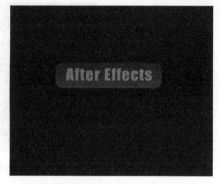

图 6-3-19　将文字添加到制作好的图层上　　　图 6-3-20　设置文字颜色

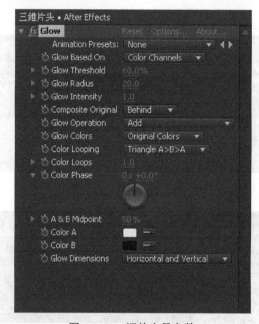

图 6-3-21　调整光晕参数

⑭ 将"花 a"素材放入时间线,并将合成模式改为 Screen,如图 6-3-22 所示。

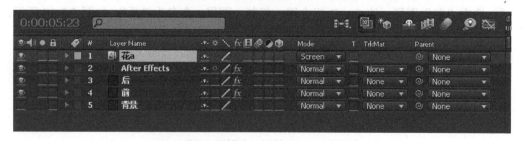

图 6-3-22　调整"花 a"素材的叠加模式

⑮ 调整花纹大小,并将花纹放于合适的位置,如图 6-3-23、图 6-3-24 所示。使用组合键 **Ctrl+D**,复制多个花纹,放置于标题四周,起到衬托作用,如图 6-3-25 所示。

⑯ 单击菜单中的 Layer(图层)>New(新建)>Camera(摄像机)命令,如图 6-3-26 所示。保持摄像机默认参数不变,如图 6-3-27 所示,新建摄像机。

第 6 章 三维与合成

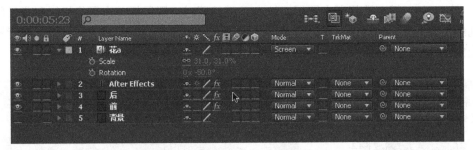

图 6-3-23　设置花纹缩放和位置参数

图 6-3-24　合成监视窗中的花纹

图 6-3-25　用多个花纹美化文字

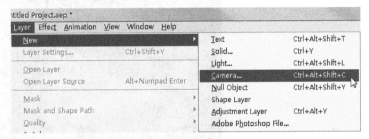

图 6-3-26　菜单中的 Camera（摄像机）命令

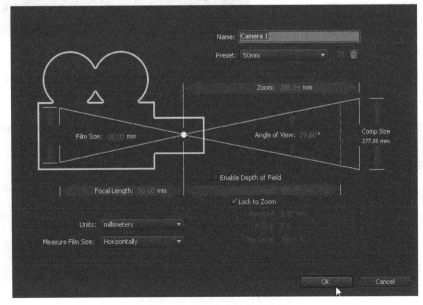

图 6-3-27　摄像机的默认参数

⑰ 按 Ctrl+A 键，选择所有图层。按 Ctrl 键的同时，用鼠标单击摄像机层和背景层，此时时间线上的 2-7 层被选中。单击"花a3"层的三维模式开关，开启除摄像机层和背景层以外图层的三位模式按钮，如图 6-3-28 所示。

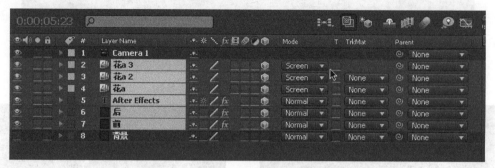

图 6-3-28　开启相关图层的三位模式开关

⑱ 鼠标单击工具栏中的 Unified Camera Tool（统一摄像机工具），如图 6-3-29 所示。将画面调整至有立体感的角度。鼠标左键为旋转，中键为平移，右键为推拉。调整后的效果，如图 6-3-30 所示。

图 6-3-29　使用统一摄像机工具　　　　图 6-3-30　调整视图角度

⑲ 选中所有的花纹图层，按 P 键，打开位移属性，调整图层位移参数，把花纹放在前板和后板之间，如图 6-3-31 所示，合成监视窗画面如图 6-3-32 所示。

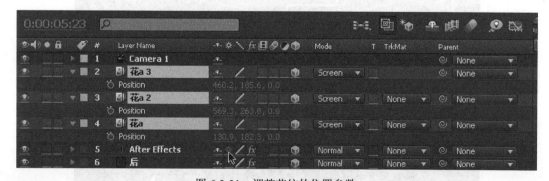

图 6-3-31　调整花纹的位置参数

图 6-3-32　花纹位于"前"、"后"两层中间

⑳ 选中花纹层,执行菜单中的 Effect(特效)>Color Correction(色彩校正)>Tint(染色)命令,调整颜色,将颜色值设为 R:167、G:137、B:33,如图 6-3-33 所示,给花纹添加色彩与光晕。调整后的合成监视窗效果,如图 6-3-34 所示。

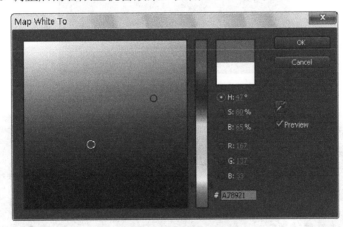

图 6-3-33　拾取颜色

图 6-3-34　调整花纹的效果

㉑ 执行菜单中的 Effect（特效）>Stylize（风格化）>Glow（光晕）命令，给花纹添加光晕效果。将 Glow threshold（光晕阈值）调整为 41%，如图 6-3-35 所示。为其他花纹及文字也添加光晕效果，添加光晕效果后的合成监视窗画面，如图 6-3-36 所示。

图 6-3-35　调整光晕阈值参数

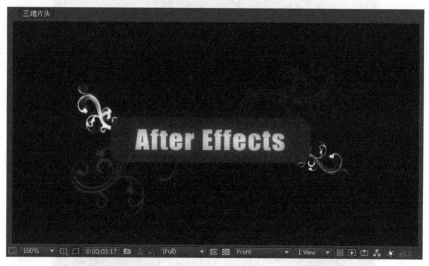

图 6-3-36　添加光晕后的合成监视窗画面效果

㉒ 新建固态层，将固态层颜色设为红色，如图 6-3-37 所示。

㉓ 选择椭圆形遮罩工具，如图 6-3-38 所示，在合成监视窗中绘制椭圆形遮罩，调整固态层中的遮罩参数，如图 6-3-39 所示。调整固态层位置，将固态层放置于后板之后，背景之前，调整后合成监视窗画面效果，如图 6-3-40 所示。

第 6 章 三维与合成

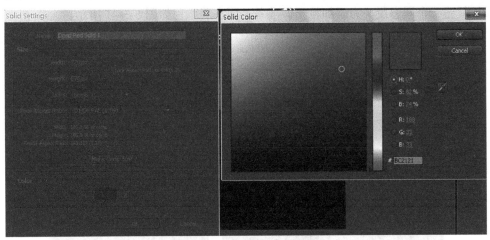

图 6-3-37　设置固态层颜色

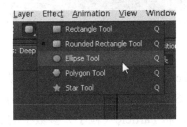

图 6-3-38　绘制遮罩

图 6-3-39　调整遮罩的羽化参数

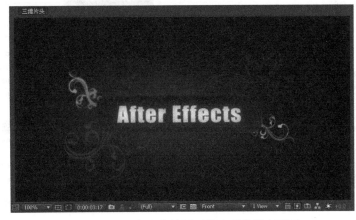

图 6-3-40　添加红色遮罩后的合成监视窗画面

㉔ 新建一个固态层，为添加粒子做准备，固态层颜色如图 6-3-41 所示。

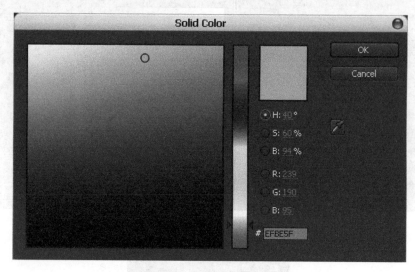

图 6-3-41 拾取固态层颜色

㉕ 鼠标单击菜单中的 Effect（特效）>Simulation（模拟）>CC Particle world（粒子世界）命令。调整特效参数，将 Scrubbers（操纵杆）下侧 Grid（网格）参数改为 Off，关闭网格的限制，如图 6-3-42 所示。将 Particle（粒子）参数下的 Particle Type（粒子类型）参数改为 Lens Convex（凹透镜），如图 6-3-43 所示。此时合成监视窗画面效果，如图 6-3-44 所示。继续调整特效参数，将 Physics（物理性）参数下的 Velocity（速率）设置为 0，Gravity（重力）设置为 0.03，如图 6-3-45 所示。调整 Producer（生成）下的 Position（位移）与 Radius（半径）参数，调整粒子的位置和半径，具体参数如图 6-3-46 所示。调整 Birth Rate（数量）参数为 0.8，如图 6-3-47 所示。调整 Particle 参数下的 Birth Size（出生大小）和 Death Size（死亡大小）两个参数，如图 6-3-48 所示，调整后的合成监视窗画面，如图 6-3-49 所示。

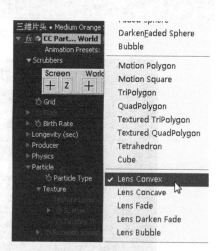

图 6-3-42 关闭网格限制   图 6-3-43 改变粒子类型

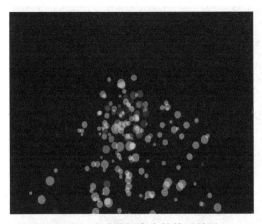

图 6-3-44 合成监视窗中的粒子效果

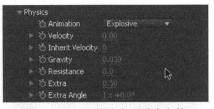

图 6-3-45 调整速率和重力参数

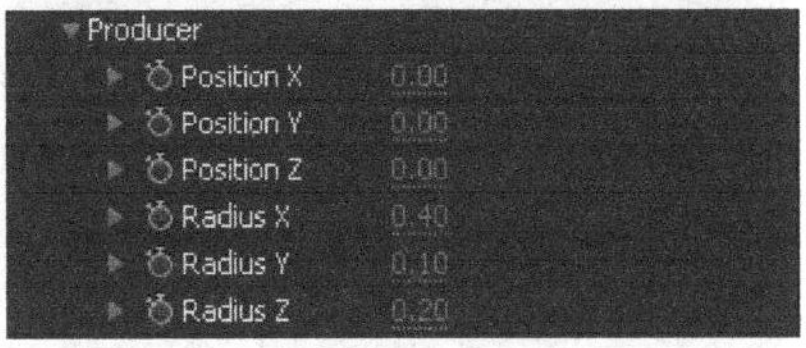

图 6-3-46 调整粒子的位置和半径

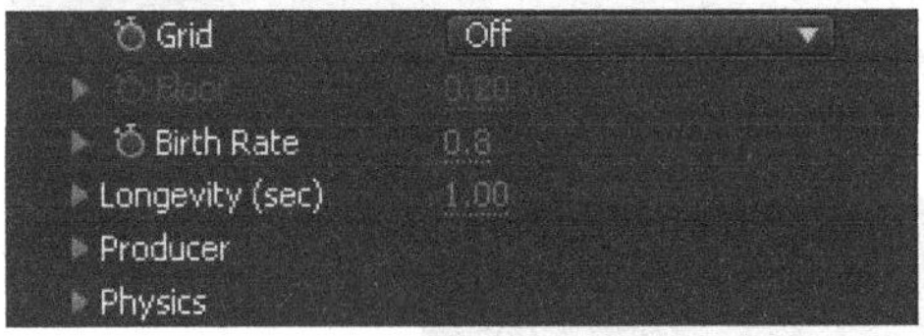

图 6-3-47 调整 Birth Rate 参数

图 6-3-48 调整 Birth Size 和 Death Size 参数

㉖ 将位置标尺移动到时间线的起点，单击摄像机 Position 参数前的码表，新建关键帧，利用摄像机工具调整画面至如图 6-3-50 所示的位置。

图 6-3-49 添加粒子后合成监视窗画面

图 6-3-50 设置起始关键帧的画面

㉗ 将位置标尺移动到第 12 帧处，并利用摄像机工具调整画面至如图 6-3-51 所示的位置，设置第二个关键帧。

㉘ 将位置标尺移动到第 24 帧处，调整画面到如图 6-3-52 所示的位置。

㉙ 将位置标尺移动到最后一帧，调整参数将画面拉远，制作拉镜头，动画制作完毕。

㉚ 开启图层的运动模糊按钮，开启右上方运动模糊总开关，如图 6-3-53 所示。至此本例完成，最终合成监视窗中的效果，如图 6-3-54 所示。

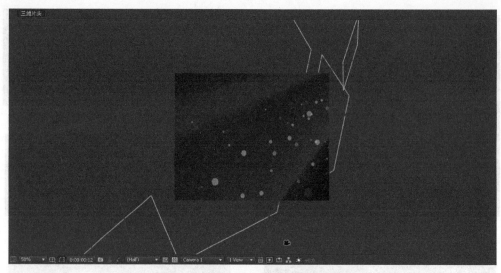

图 6-3-51　第 12 帧处的合成监视窗画面

图 6-3-52　第 24 帧处的合成监视窗画面

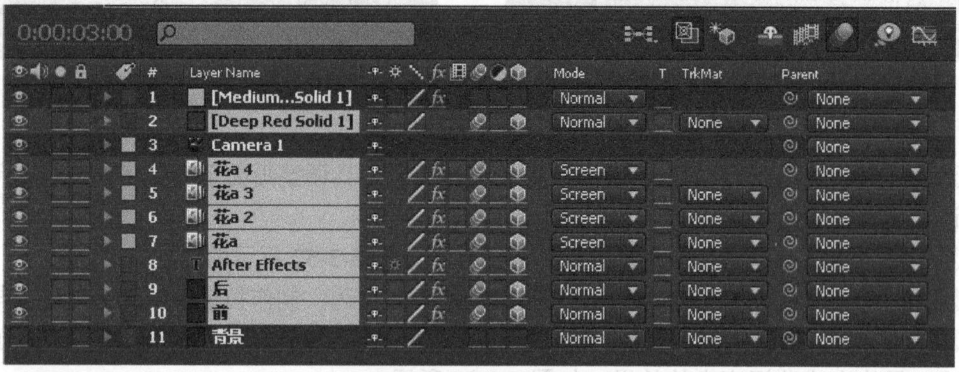

图 6-3-53　开启运动模糊开关

图 6-3-54　三维片头的最终效果

 案例小结

此案例的知识重点是三维图层和摄像机的使用。通过本例的学习，读者可以体验到 After Effects 强大的三维合成功能，认识到三维效果的独特性，感受到三维空间的视觉冲击力。掌握三维效果制作的技巧，可以解决二维合成的空间问题，让作品提高一个层次。另外，本例中使用了粒子插件，插件的使用可以为作品增色，让画面更绚丽、夺目。但是插件不能孤立存在，它是为整体或者主题服务的，应注意插件和其他功能的协调，形成合力，就好比足球队里不能只有球星，还需要其他成员，还需要磨合，形成团队，呈现出整体的效果。

6.4　娱乐片头的制作

 学习要点

- 了解 3D Stroke（三维描边）特效的使用方法
- 掌握合成的思路和技巧
- 掌握摄像机的应用技巧

 案例分析

本例是在 PSD 文件素材的基础上，应用 After Effects CS4 中的合成功能，完成片头的制作。After Effects CS4 合成功能的应用是本例的重点。在合成过程中，通过对各元素属性的设置，赋予元素动感，体现画面节奏，形成整体风格。

本案例效果图，如图 6-4-1 所示。

图 6-4-1 娱乐片头的画面

操作流程

① 创建一个预置为 PAL D1/DV 的 Composition（合成），将其命名为"娱乐片头"，像素长宽比设置为 D1/DV PAL（1.09），时间长度设置为 10 秒，如图 6-4-2 所示。

图 6-4-2 新建名为"娱乐片头"的合成

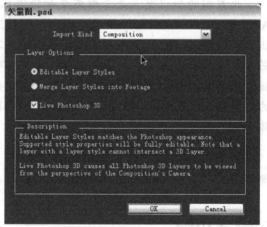

图 6-4-3 设置导入方式

图 6-4-4 导入工程窗口中的素材

② 将"第 6 章/6.4 娱乐片头/矢量图.psd"的文件导入，在弹出的对话框中，设置 Import Kind（导入方式）为 Compositon（合成）模式，如图 6-4-3 所示。导入到工程窗口中的素材，如图 6-4-4 所示。

③ 分别将"矢量图 Layers"文件夹中的"背景板/矢量图"和"放射线/矢量图"文件，拖拽到时间线面板中，如图 6-4-5 所示。

④ 在时间线面板中，选中"放射线/矢量图"层素材，按 S 键显示大小比例属性。将 Scale（大小/比例）属性调整成（93.0，93.0%），如图 6-4-6 所示。

图 6-4-5 添加到时间线中的素材文件

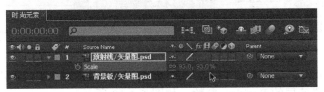

图 6-4-6 调整 "放射线/矢量图" 层素材的 Scale（大小/比例）

⑤ 选中 "放射线/矢量图" 层素材，按 R 键显示大小旋转属性。移动时间线上的位置标尺到 0 秒的位置，单击 Rotation（旋转）前的码表，保持 Rotation 值为（0× +0.0）。移动时间线上的位置标尺到 9 秒 24 帧的位置，将 Rotation 值调整为（1× +0.0），如图 6-4-7 所示。此时放射线产生旋转的效果。

图 6-4-7 为放射线设置旋转动画

⑥ 创建一个预置为 PAL D1/DV 的 Composition（合成），将其命名为 "云"，像素长宽比设置为 D1/DV PAL（1.09），时间长度设置为 10 秒。

⑦ 将 "云彩.psd" 文件以合成的方式导入工程，并将 "云彩 Layers" 文件夹中的 "云彩 1/云彩" 文件拖拽到时间线面板中。连续按 Ctrl+D 组合键复制 9 个 "云彩 1/云彩" 素材层，如图 6-4-8 所示。

图 6-4-8 复制多个 "云彩 1/云彩" 素材层

⑧ 按 Ctrl+A 组合键选中所有的素材层[1]，单击第一层的运动模糊和三维模式按钮，选中所有层的运动模糊[2]和三维模式[3]按钮，如图 6-4-9 所示。

---

1 在全选的情况下，单击其中一层的按钮，会将所有层的该按钮都激活。
2 开启运动模糊按钮，可以使动画产生运动模糊的拖尾效果。
3 当素材转换成三维图层以后，在合成监视窗中显示的先后顺序取决于 Z 轴的数值；当素材是二维图层时，显示顺序取决于在时间线面板中的层的顺序。

图 6-4-9　开启所有层的运动模糊和三维模式按钮

⑨ 按 P 键，显示所有层位置属性。将位置标尺移动到 0 秒处，单击各层 Position（位置）前的码表，设置各层的 Position 参数，如图 6-4-10 所示。

图 6-4-10　设置起始点处各层云彩的位置

⑩ 将位置标尺移动到 1 秒处，设置各层的 Position 参数，如图 6-4-11 所示。

图 6-4-11　设置 1 秒处各层云彩的位置

⑪ 此时画面中的云彩纷纷向画面外运动，仿若在云层中穿梭一般，如图 6-4-12 所示。

图 6-4-12　监视窗中云层运动的效果

⑫ 单击时间线窗口左上角的"时尚元素"面板，切换回"时尚元素"合成，将工程窗口中的"云"合成添加到"时尚元素"合成中，把"云"合成当做素材使用，实现合成的嵌套，如图 6-4-13 所示。

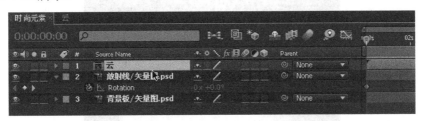

图 6-4-13　"云"合成被添加到"时尚元素"合成中

⑬ 将"云彩 Layer"文件夹中的"云彩 1/云彩"文件拖拽到时间线面板中。开启运动模糊和三维模糊按钮，如图 6-4-14 所示。

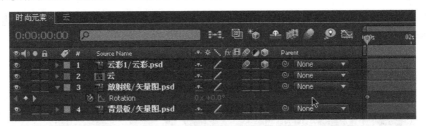

图 6-4-14　开启"云彩 1/云彩"层的运动模糊和三维模糊按钮

⑭ 展开"云彩 1/云彩"层的属性参数，将位置移动到 0 秒处，单击 Position（位置）和 Opacity（不透明度）参数前的码表，设置 0 秒处 Position 值为（705,340,16500），Opacity 值为 60%；将位置移动到 1 秒处，设置 1 秒处 Position 值为（397,409,115），Opacity 值为 80%；将位置移动到 5 秒 19 帧处，设置 5 秒 19 帧处 Position 值为（397,409,115），Opacity 值为 60%；将位置移动到 6 秒 03 帧处，设置 6 秒 03 帧处 Position 值为（397,409,115），Opacity 值为 80%。如图 6-4-15 所示。此时画面中多了一朵云，该云从 1 秒开始一直停留在画面中，如图 6-4-16 所示。

图 6-4-15 "云彩1/云彩"层的属性设置

图 6-4-16 云层在画面中的效果

⑮ 将"矢量图 Layers"文件夹中的"图层 4/矢量图"文件拖拽到时间线面板中。开启运动模糊和三维模式按钮,如图 6-4-17 所示。

图 6-4-17 开启"图层 4/矢量图"层的运动模糊和三维模糊按钮

⑯ 选择"图层 4/矢量图"层,按 P 键显示 Position(位置)参数。移动位置标尺到 1 秒处,单击 Position(位置)参数前的码表,设置 Position 参数值为(360,825,282);移动位置标尺到 1 秒 03 帧处,设置 Position 参数值为(360,151,141);移动位置标尺到 1 秒 06 帧处,设置 Position 参数值为(360,312,0),如图 6-4-18 所示。使素材从画面外飞入,合成监视窗画面效果,如图 6-4-19 所示。

第 6 章 三维与合成

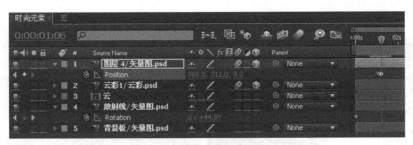

图 6-4-18 设置"图层 4/矢量图"层的位置参数

图 6-4-19 "图层 4/矢量图"层在监视窗中的画面

⑰ 鼠标单击 Effect（特效）>Stylize（风格化）>Strobe Light（闪光灯）特效，向素材层添加 Strobe Light（闪光灯）特效。展开特效参数，设置 Blend With Original（与原图混合）值为 30。在 1 秒 06 帧、1 秒 07 帧、1 秒 08 帧、1 秒 10 帧、1 秒 12 帧处，给 Strobe Period（频闪间隔）参数设置关键帧，如图 6-4-20 所示。合成监视窗中出现"图层 4/矢量图"层闪白效果[1]，如图 6-4-21 所示。

图 6-4-20 为 Strobe Period（频闪间隔）参数设置关键帧

⑱ 创建一个预置为 Custom 的合成，将其命名为"花纹生长"，设置 Width（宽）值为 722，Height（高）值为 186，像素长宽比设置为 Square Pixels，时间长度设置为 10 秒，如图 6-4-22 所示。

---

[1] 用闪白加强画面的视觉冲击力，引起观众的注意力，为后续元素的合成效果做铺垫。

图 6-4-21 "图层 4/矢量图"层出现闪白效果

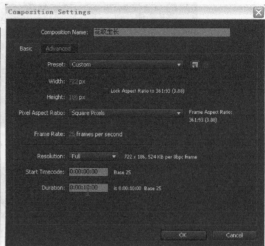

图 6-4-22 合成"花纹生长"的相关设置

⑲ 将"矢量图 Layers"文件夹中的"图层 3/矢量图"文件拖拽到时间线面板中,设置 Position 参数值为(373,-20),Scale 参数值为(96.0,96.0%),如图 6-4-23 所示。此时合成监视窗画面,如图 6-4-24 所示。

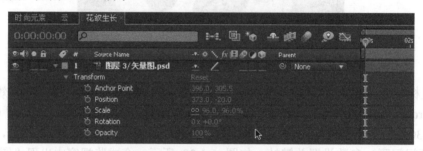

图 6-4-23 设置"图层 3/矢量图"层的参数值

图 6-4-24 合成监视窗中的"图层 3/矢量图"层画面

⑳ 单击工具栏中的钢笔工具,如图 6-4-25 所示,在合成监视窗中沿花纹生长方向绘制遮罩路径,如图 6-4-26 所示。

图 6-4-25 工具栏中的钢笔工具

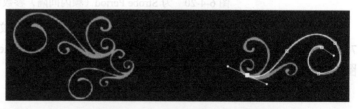

图 6-4-26 沿花纹生长绘制遮罩路径

㉑ 鼠标单击 Effect（特效）>Trapcode>3D Stroke（三维描边）特效，向素材层添加 3D Stroke（三维描边）特效。设置参数 Color（颜色）为蓝色，Thickness（厚度）为 6，并将 Taper 中的 Enable 调整为 On，启用锥形控制，如图 6-4-27 所示。此时合成监视窗中的画面，如图 6-4-28 所示。

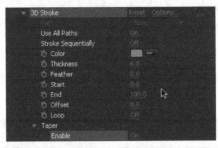

图 6-4-27　设置 3D Stroke（三维描边）特效参数

图 6-4-28　应用了三维描边特效的花纹

㉒ 移动位置标尺到 0 秒处，单击 End（结束）参数前的码表，设置 End 参数值为 0；移动位置标尺到 1 秒 12 帧处，设置 End 参数值为 100，如图 6-4-29 所示。此时合成监视窗中显示花纹生长的动画。

图 6-4-29　定义 End 参数值，制作花纹生长的动画

㉓ 选中"图层 3/矢量图"层，按 Ctrl+D 组合两次，复制两层，删除已有的 3D Stroke（三维描边）特效，制作另两个花纹生长的动画，如图 6-4-30 所示。

图 6-4-30　制作另两个花纹生长的动画

㉔ 创建一个预置为 Custom 的合成，将其命名为"花纹生长 01"，设置 Width（宽）值为 722，Height（高）值为 186，像素长宽比设置为 Square Pixels，时间长度设置为 10 秒。

将"花纹生长"合成添加到新建的合成中,如图 6-4-31 所示。

图 6-4-31 "花纹生长"合成被添加到新建的合成中

㉕ 按 Ctrl+D 组合键复制一层"花纹生长",将其 Scale 参数调整为(-100.0,-100.0%)[1],如图 6-4-32 所示。此时合成监视窗中画面,如图 6-4-33 所示。

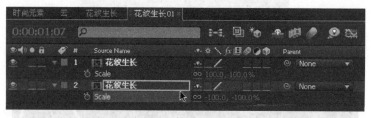

图 6-4-32 将新建的"花纹生长"层 Scale 参数调整为负值

图 6-4-33 两个花纹同时长出

㉖ 将"花纹生长 01"合成添加到"时尚元素"合成的时间线面板中,按 Ctrl+D 组合键复制一层。开启两层的三维模式按钮,调整两层的参数值,使花纹自如的叠加在一起,增强画面的效果。两层"花纹生长 01"的参数值,如图 6-4-34、6-4-35 所示。叠加后的画面效果,如图 6-4-36 所示。

图 6-4-34 上层"花纹生长 01"层的参数设置

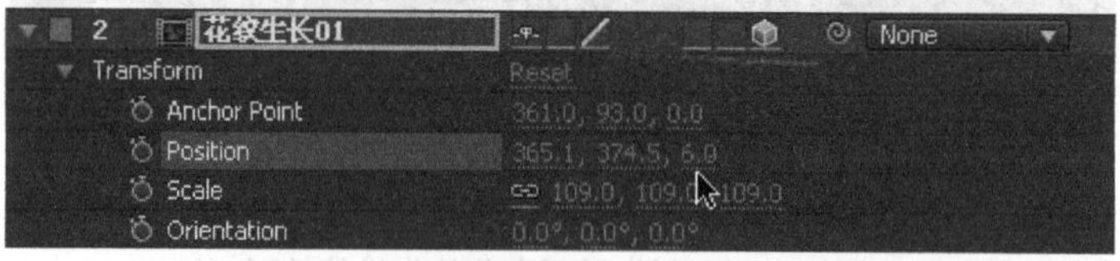

图 6-4-35 下层"花纹生长 01"层的参数设置

---

[1] 设置 Scale 参数为-100,可以得到以画面中心点旋转 180 度的效果。

㉗ 选中时间线面板中的两层"花纹生长 01"层，鼠标单击 Effect（特效）>Stylize（风格化）>Glow（辉光）特效，给"花纹生长 01"层应用辉光特效，使花纹产生柔和辉光，合成监视窗画面，如图 6-4-37 所示。

图 6-4-36 叠加上花纹的监视窗画面

图 6-4-37 花纹发出柔和的辉光

㉘ 创建一个预置为 PAL D1/DV 的合成，将其命名为"背景"，像素长宽比设置为 D1/DV PAL（1.09），时间长度设置为 10 秒。

㉙ 将"矢量图 Layers"文件夹中的"图层 7/矢量图"和"图层 12/矢量图"文件拖拽到时间线面板中，如图 6-4-38 所示。

图 6-4-38 "背景"合成的时间线窗口

㉚ 将"背景"合成添加到"时尚元素"时间线窗口中，按 Ctrl+D 组合键复制两层，启用各"背景"层的运动模糊和三位模式按钮，如图 6-4-39 所示。

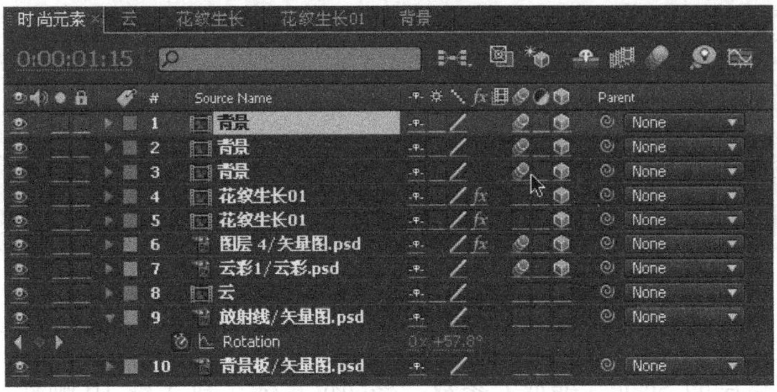

图 6-4-39 "时尚元素"合成中的"背景"层

㉛ 选中所有的"背景层"，按 P 键打开 Position 参数，调整 Z 方向数值，如图 6-4-40 所示，调整背景层在合成监视窗中的显示次序，如图 6-4-41 所示。

图 6-4-40 调整"背景层"Z 方向的位置参数

图 6-4-41 合成监视窗中视频画面

㉜ 在时间线面板中,选择最下层的"背景"层,按 R 键打开该层的 Rotation(旋转)参数,移动位置标尺到 1 秒 20 帧处,单击 X Rotation(X 轴旋转)和 Z Rotation(Z 轴旋转)参数前的码表,设置 X Rotation(X 轴旋转)参数值为(0× -90.0),Z Rotation(Z 轴旋转)参数值为(0× -30.0);移动位置标尺到 2 秒处,设置 X Rotation(X 轴旋转)参数值为(0× 0.0),Z Rotation(Z 轴旋转)参数值为(0× 0.0);如图 6-4-42 所示。

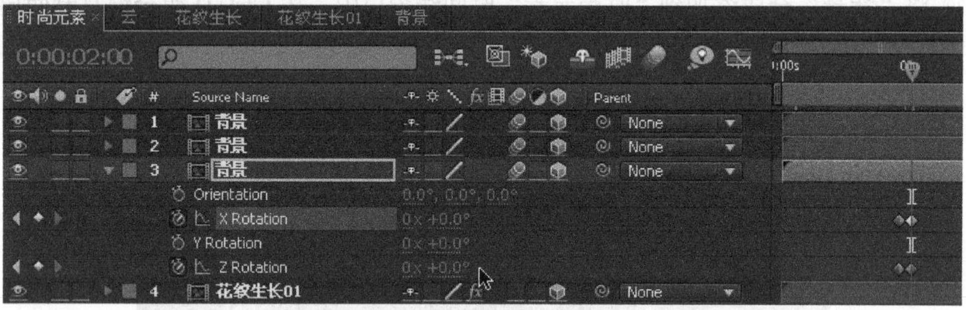

图 6-4-42 设置最下层"背景"层的 Rotation(旋转)参数

㉝ 在时间线面板中,选择第二层的"背景"层,将该层上的素材向后拖动到 2 秒以后,按 S 键打开该层的 Scale(缩放)参数,移动位置标尺到 5 秒 16 帧处,单击 Scale(缩放)参数前的码表,设置 Scale(缩放)参数值为(100.0,100.0,100.0);移动位置标尺到 5 秒 19 帧处,设置 Scale(缩放)参数值为(139.0,139.0,139.0);移动位置标尺到 5 秒 22 帧处,设置 Scale(缩放)参数值为(100.0,100.0,100.0),如图 6-4-43 所示。让"背景"层产生由小到大的动画。

图 6-4-43 设置第二层"背景"层的 Scale（缩放）参数

㉞ 在时间线面板中，选择第一层的"背景"层，将该层上的素材向后拖动到 5 秒 22 帧处，按 S 键打开该层的 Scale（缩放）参数，移动位置标尺到 5 秒 22 帧处，单击 Scale（缩放）参数前的码表，设置 Scale（缩放）参数值为（100.0，100.0，100.0）；移动位置标尺到 6 秒处，设置 Scale（缩放）参数值为（185.0，185.0，185.0）；移动位置标尺到 6 秒 04 帧处，设置 Scale（缩放）参数值为（100.0，100.0，100.0），如图 6-4-44 所示。按 T 键打开 Opacity（不透明度）参数，设置参数值为 5%，模拟拖尾效果。此时合成监视窗画面，如图 6-4-45 所示。

图 6-4-44 设置第一层"背景"层的 Scale（缩放）参数

图 6-4-45 设置好"背景"层的合成监视窗画面

㉟ 创建一个预置为 PAL D1/DV 的合成，将其命名为"花"，像素长宽比设置为 D1/DV PAL（1.09），时间长度设置为 10 秒。

㊱ 将"矢量图 Layers"文件夹中的"图层 5/矢量图"和"图层 12/矢量图"文件拖拽到时间线面板中，启用三维模式按钮，如图 6-4-46 所示。

图 6-4-46 "图层 12/矢量图"文件被到时间线面板中

㊲ 按 S 键打开该层的 Scale（缩放）参数，移动位置标尺到 0 秒处，单击 Scale（缩放）参数前的码表，设置 Scale（缩放）参数值为（0.0，0.0，0.0）；移动位置标尺到 0 秒 04 帧处，设置 Scale（缩放）参数值为（191.0，191.0，191.0）；移动位置标尺到 0 秒 07 帧处，设置 Scale（缩放）参数值为（75.0，75.0，75.0）；移动位置标尺到 0 秒 10 帧处，设置 Scale（缩放）参数值为（131.0，131.0，131.0）；移动位置标尺到 0 秒 13 帧处，设置 Scale（缩放）参数值为（90.0，90.0，90.0）；如图 6-4-47 所示，设置花开放的动画。

图 6-4-47　设置"图层 12/矢量图"缩放的参数

㊳ 将"花"合成添加到"时尚元素"合成时间线中，按 Ctrl+D 组合键复制两层，启用各层的三维模式按钮，设置每层的 Position（位置）和 Scale（缩放）参数，使花在监视窗中合理分布，如图 6-4-48 所示。

㊴ 鼠标单击 Layer（层）>New（新建）>Camera（摄像机）命令，建立摄像机。在弹出的 Camera Settings（摄像机设置）对话框中将 Preset（预设）选择为 35mm，如图 6-4-49 所示。

图 6-4-48　添加"花"后的合成监视窗

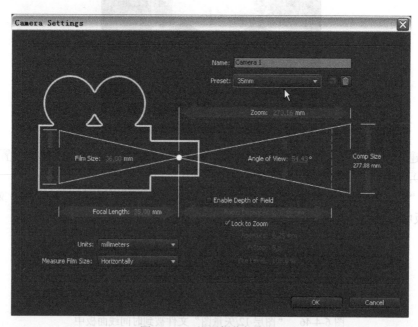

图 6-4-49　设置摄像机参数

㊵ 在时间线面板中，展开摄像机层参数，启用 Depth of Field（景深），设置 Focus Distance（焦点距离）值为 746，Aperture（光圈）值为 17，Blur Level（水平模糊）值为 100，如图 6-4-50 所示。

图 6-4-50　设置摄像机层的参数

㊶ 移动位置标尺到 1 秒处，单击 Point of Interest 和 Position 参数前的码表，设置 Point of Interest 参数值为（360.0，288.0，0.0）；Position 参数值为（360.0，288.0，-746.0）；移动位置标尺到 3 秒 09 帧处，设置 Point of Interest 参数值为（360.0，288.0，-131.0）；Position 参数值为（360.0，288.0，-878.0）；移动位置标尺到 3 秒 14 帧处，设置 Point of Interest 参数值为（436.0，288.0，10.0）；Position 参数值为（900.0，309.0，-73.0）；移动位置标尺到 3 秒 21 帧处，设置 Point of Interest 参数值为（390.0，316.0，43.0）；Position 参数值为（513.0，358.0，777.0）；移动位置标尺到 9 秒 24 帧处，设置 Point of Interest 参数值为（415.0，332.0，188.0）；Position 参数值为（537.0，374.0，922.0）；如图 6-4-51 所示。通过参数设置，得到镜头拉伸的效果，监视窗画面，如图 6-4-52 所示。

图 6-4-51　设置镜头运动参数

图 6-4-52　镜头运动的效果

㊷ 将"矢量图 Layers"文件夹中的"图层 9/矢量图"文件拖拽到时间线面板中，启用运动模糊和三维模式按钮，设置 Position 参数为（389.0,359.0,123.0），如图 6-4-53 所示。

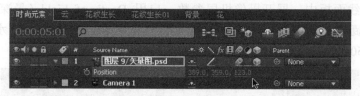

图 6-4-53 设置"图层 9/矢量图"层的位置参数

㊸ 按 S 键，打开"图层 9/矢量图"层的 Scale 参数。移动位置标尺到 4 秒 15 帧处，单击 Scale()参数前的码表，设置 Scale()参数值为（0.0，0.0，0.0）；移动位置标尺到 4 秒 19 帧处，设置 Scale 参数值为（112.0，112.0，112.0）；移动位置标尺到 4 秒 22 帧处，设置 Scale()参数值为（94.0，94.0，94.0%）；如图 6-4-54 所示。使该层画面产生由小到大，再由大到小的动画效果，如图 6-4-55 所示。

图 6-4-54 设置"图层 9/矢量图"层的缩放参数

图 6-4-55 设置缩放后动画的合成监视窗画面

㊹ 鼠标单击 Effect（特效）>Stylize（风格化）>Strobe Light（闪光灯）特效，向"图层 9/矢量图"层添加 Strobe Light（闪光灯）特效。展开特效参数，设置 Blend With Original（与原图混合）值为 30。在 5 秒、5 秒 01 帧、5 秒 02 帧、5 秒 03 帧、5 秒 04 帧、5 秒 05 帧、5 秒 06 帧处，给 Strobe Period（频闪间隔）参数设置关键帧，如图 6-4-56 所示。合成监视窗中出现闪白效果，如图 6-4-57 所示。

图 6-4-56 控制 Strobe Period（频闪间隔）参数，制作闪白效果

图 6-4-57　合成监视窗中的闪白效果

㊺ 将"矢量图 Layers"文件夹中的"图层 10/矢量图"文件拖拽到时间线面板中，启用三维模式按钮，设置 Position 参数为（416.0,352.0,93.0），如图 6-4-58 所示。

图 6-4-58　设置"图层 10/矢量图"层的位置

㊻ 打开"图层 10/矢量图"层的参数。在 5 秒 03 帧、5 秒 08 帧处，给 Scale 参数设置关键帧，使素材产生由小变大的效果，如图 6-4-59 所示。

图 6-4-59　设置"图层 10/矢量图"层的缩放动画效果

㊼ 创建一个预置为 PAL D1/DV 的合成，将其命名为"总合成场景"，像素长宽比设置为 D1/DV PAL（1.09），时间长度设置为 10 秒。将"时尚元素"合成添加到"总合成场景"中。切换回"时尚元素"合成的时间线窗口，选中摄影机图层，按 Ctrl+C 组合键复制该层。回到"总合成场景"合成中，按 Ctrl+V 组合键粘贴，保持两个合成中摄影机动画一致，如图 6-4-60 所示。

图 6-4-60　摄像机层被粘贴到"总合成场景"中

㊽ 将"花"合成添加到"总合成场景"中，按 Ctrl+D 组合键，复制两层，开始三维模式按钮，分别设置各层中的 Position 和 Scale 参数值，点缀画面，如图 6-4-61 所示。

图 6-4-61 用"花"合成点缀画面

图 6-4-62 工具栏中的文字工具

㊾ 单击工具栏中的 T 工具按钮,如图 6-4-62 所示,在视图中输入"娱乐"文字,设置字体为综艺简体,字号为 140,字体颜色为粉色,如图 6-4-63 所示。

图 6-4-63 添加字幕的合成窗口画面

㊿ 选中文字层,按 P 键,展开 Position 参数,移动位置标尺到 5 秒 09 帧处,单击 Position 前的码表,设置 Position 参数值为(271.0,729.0);移动位置标尺到 5 秒 14 帧处,设置 Position 参数值为(271.0,290.0);移动位置标尺到 5 秒 18 帧处,设置 Position 参数值为(271.0,434.0);移动位置标尺到 5 秒 22 帧处,设置 Position 参数值为(271.0,349.0);移动位置标尺到 6 秒 02 帧处,设置 Position 参数值为(271.0,410.0),如图 6-4-64 所示。

图 6-4-64 设置文字的运动路径

(51) 至此娱乐片头的合成就制作完成了，最终监视窗画面，如图 6-4-65 所示。

图 6-4-65　娱乐片头的画面效果

案例小结

此案例以矢量图形为素材，配以背景装饰图旋转动画和摄影机位置运动，将死板的文字以动感十足的方式引入画面中，充分体现出影片中张扬、时尚的青春气息。通过本案例的学习，读者要体会 Photoshop 在前期制作中的作用。有人说 After Effects 就是动态的 Photoshop，可见 After Effects 与 Photoshop 有着相通之处：Photoshop 完成各元素的前期静态合成，而 After Effects 赋予各元素十足的动感，实现对静态合成的延伸和演绎。

习题

1．单选题

（1）快速展开图层 Position 属性的快捷键是________________。

A．T　　B．U　　C．P　　D．R

（2）快速展开图层 Rotation 属性的快捷键是________________。

A．T　　B．Y　　C．P　　D．R

（3）单击哪个按钮可以打开关键帧的曲线编辑器窗口___________。

A．　　B．　　C．　　D．

（4）创建固态层的快捷键是_______________。

A．Ctrl+Y　　B．Ctrl+A　　C．Ctrl+B　　D．Ctrl+F

2．多选题

（1）在 After Effects CS4 中，除了 Pen 工具外，还可用哪些方式创建蒙版？_________

A．　　B．　　C．　　D．

（2）在关键帧设置中，常见的差值方式有_____。
　　A．Linear（线性）　　　　　　　　B．Bezier（贝塞尔）
　　C．Hold（固定）　　　　　　　　　D．Auto Bezier（自动贝塞尔）
（3）父子图层绑定后，父物体可以影响子物体的哪些属性_____。
　　A．位置　　　　B．旋转　　　　C．缩放　　　　D．中心点

3．思考题

在编辑关键帧时，如何设置关键帧的数值，如何移动关键帧，如何对一组关键帧进行时间整体缩放？

4．操作题

使用"第 3 章/操作题"文件夹提供的素材，参看 final.avi 文件，利用本章所学的知识，制作一个片头动画。

附录 A

常用快捷键列表

操 作 列 表	快 捷 键
显示轴心点属性	A
显示遮罩羽化属性	F
显示遮罩路径属性	M
显示不透明属性	T
显示位置属性	P
显示旋转和方向属性	R
显示比例属性	S
显示修改过的属性	UU
一次性导入图像等素材	Ctrl+I
多次导入图像等素材	Ctrl+Alt+I
替换选中素材项	Ctrl+H
保存项目	Ctrl+S
另存为	Ctrl+Shift+S
开始或停止标准预览	空格键
内存预览	数字小键盘的 0 键
新建合成	Ctrl+N
新建固态层	Ctrl+Y
打开选中合成的合成设置对话框	Ctrl+K
设置合成背景颜色	Ctrl+Shift+B
将当前时间设置为工作区的开始或结束点	B 或 N
预合成层	Ctrl+Shift+C
剪掉	Alt+[
剪辑层的出点	Alt+]
全部选中	Ctrl+A
全部取消选中	F2 或 Ctrl+Shift+A
重命名选中层，合成等	主键盘上的 Enter 键
打开选中层，合成等	数字小键盘上的 Enter 键
复制选中的层，遮罩，特效等	Ctrl+D
制作影片	Ctrl+M

续表

操 作 列 表	快 捷 键
单帧渲染	Ctrl+Alt+S
图层上移	Shift+]
图层下移	Shift+[
图层移动到最下	Ctrl+Shift+[
图层移动到最上	Ctrl+Shift+]
素材适合合成窗口	Ctrl+Alt+F
使用上一个特效	Ctrl+Shift+Alt+E

附录 B

中英文菜单对照表

一、File（文件）菜单

1. New（新建）命令
   （1）New Project（新建项目）
   （2）New Folder（新建文件夹）
   （3）New Adobe Photoshop File（新建 Photoshop 文件）
2. Open Project（打开项目）
3. Open Recent Projects（打开最近项目）
4. Browse in Bridge（在 Bridge 中浏览文件等）
5. Browse Template Projects（浏览项目模板）
6. Close（关闭）
7. Close Project（关闭项目）
8. Save（保存）
9. Save As（另存为）
10. Save a Copy（保存副本）
11. Increment and Save（增量保存）
12. Revert（恢复）
13. Import（导入）
    （1）File（文件）
    （2）Multiple Files（多个文件）
    （3）Capture in Adobe Premiere Pro（通过 Adobe Premiere Pro 捕捉/采集素材）
    （4）Adobe Clip Notes Comments（节目注释）
    （5）Adobe Premiere Pro Project（Adobe Premiere Pro 项目文件）
    （6）Vanishing Point（灭点文件）
    （7）Placeholder（占位符）
    （8）Solid（固态层）
14. Import Recent Footage（导入最近素材）
15. Export（输出）
16. Find（查找）
17. Add Footage to Comp（添加素材到合成）
18. New Comp from Footage（从选择创建一个合成）

19. Consolidate All Footage（整理素材）
20. Remove Unused Footage（删除未使用素材）
21. Reduce Project（精简项目）
22. Collect Files（文件打包）
23. Watch Folder（监视目录）
24. Scripts（脚本）
25. Create Proxy（创建代理）
26. Set Proxy（设置代理）
27. Interpret Footage（解释素材）
28. Replace Footage（替换素材）
29. Reload Footage（重新载入素材）
30. Reveal in Explorer（在浏览器中预览）
31. Reveal in Bridge（在 Adobe Bridge 中预览）
32. Project Settings（项目设置）
33. Print（打印）
34. Exit（退出）

二、Edit（编辑）菜单

1. Undo（撤消）
2. Redo（重做）
3. History（历史记录）
4. Cut（剪切）
5. Copy（拷贝）
6. Copy Expression Only（仅粘贴表达式）
7. Paste（粘贴）
8. Clear（清除）
9. Duplicate（复制）
10. Split Layer（分割层）
11. Lift Work Area（抽出工作区）
12. Extract Work Area（挤压工作区域）
13. Select All（全选）
14. Deselect All（取消全选）
15. Label（标签）
16. Purge（释放缓存）
17. Edit Original（编辑原稿）
18. Edit in Adobe Audition（在 Adobe Audition 中编辑）
19. Edit in Adobe Soundbooth（在 Adobe Soundbooth 中编辑）
20. Templates（模板）
    （1）渲染设置
    （2）输出模块

21. Preferences（偏好设置/首选项）

    （1）General（常规）

    （2）Previews（预演）

    （3）Display（显示）

    （4）Import（导入）

    （5）Output（输出）

    （6）Grid & Guides（网格及参考线）

    （7）Label Colors（标签颜色）

    （8）Label Defaults（标签默认颜色）

    （9）Memory & Cache（内存和高速缓存）

    （10）Video Preview（视频预演）

    （11）User Interface Colors（用户接口颜色设置）

    （12）Auto-Save（自动保存文件设置）

    （13）Audio Hardware（音频硬件）

    （14）Audio Output mapping（音频输出图）

三、Composition（合成）菜单

1. New Composition（新建合成）
2. Composition Settings（合成设置）
3. Background Color（背景颜色）
4. Set Poster Time（设置海报）
5. Trim Comp to Work Area（裁剪合成适配工作区）
6. Crop Comp to Region of Interest（裁切合成适配自定义区域）
7. Add To Render Queue（加入到渲染序列）
8. Add Output Module（添加输出模块）
9. Preview（预演）

    （1）RAM Preview（内存预演）

    （2）Wire Preview（线框预演）

    （3）Motion with Trails（运动轨迹）

    （4）Audio（音频）

    （5）Audio Preview（Here Forward）（音频预演从当前位置起）

    （6）Audio Preview（Work Area）（工作区域音频预演）

10. Save As（单帧存储为）

    （1）File（文件）

    （2）Photoshop Layers（PS层）

11. Make Movie（制作影片）
12. Pre-render（预先渲染）
13. Save RAM Preview（存储内存预演）
14. Comp Flowchart View（观察合成流程图）

四、Layer（层）菜单

1. New（新建）
    （1）Text（文字）
    （2）Solid（固态层）
    （3）Light（灯光）
    （4）Camera（摄像机）
    （5）Null Object（空物体）
    （6）Adjustment Layer（调节层）
    （7）Shape Layer（变形层）
    （8）Adobe Photoshop File（Adobe Photoshop 文件）
2. Layer Settings（层设置）
3. Open Layer Window（打开层窗口）
4. Open Source Window（打开素材窗口）
5. Mask（遮罩）
    （1）New Mask（新建遮罩）
    （2）Mask Shape（遮罩形状）
    （3）Mask Feather（遮罩羽化）
    （4）Mask Opacity（遮罩不透明度）
    （5）Mask Expansion（遮罩伸缩）
    （6）Reset Mask（重置遮罩）
    （7）Remove Mask（删除遮罩）
    （8）Remove All Mask（删除所有遮罩）
    （9）Mode（模式）
    （10）Inverse（反转）
    （11）Locked（锁定）
    （12）Motion Blur（运动模糊）
    （13）Unlock All Masks（解开所有遮罩）
    （14）Lock Other Masks（锁定其他遮罩）
    （15）Hide Locked Masks（隐藏锁定的遮罩）
6. Mask and Shape Path（遮罩和图形路径）
    （1）RotoBezier（旋转式曲线）
    （2）Closed（封闭）
    （3）Set First Vertex（设置起始点）
    （4）Free Transform Points（自由变换点）
7. Quality（质量）
    （1）Best（最佳）
    （2）Draft（草图）
    （3）Wire（线框）

8. Switches（转换开关）

　　（1）Hide Other Video（隐藏其他层的视频）

　　（2）Show All Video（显示所有层的视频）

　　（3）Unlock All Layers（解除所有图层的锁定状态）

　　（4）Shy（图层的隐蔽开关）

　　（5）Lock（锁定图层）

　　（6）Audio（图层的音频开关）

　　（7）Video（图层的视频开关）

　　（8）Solo（图层的独奏开关）

　　（9）Effect（图层所应用的效果开关）

　　（10）Collapse（塌陷开关）

　　（11）Motion Blur（运动模糊开关）

　　（12）Adjustment Layer（调节层开关）

9. Transform（变换）

　　（1）Reset（复位发生改变的变换的参数为默认数值）

　　（2）Anchor Point（图层的定位点）

　　（3）Position（图层的位置）

　　（4）Scale（图层尺寸的缩放数值）

　　（5）Orientation（三维图层的坐标轴方向）

　　（6）Rotation（图层的旋转角度）

　　（7）Opacity（不透明度）

　　（8）Fit to Comp（适配图层的尺寸为当前合成尺寸的大小）

　　（9）Fit to Comp Width（适配图层的宽度为当前合成的宽度）

　　（10）Fit to Comp Height（适配图层的高度为当前合成的高度）

　　（11）Auto-Orient（自动随运动路径的方向定向）

10. Time（时间）

　　（1）Enable Time Remapping（启用时间重映像）

　　（2）Time-Reverse Layer（反转图层的时间）

　　（3）Time Stretch（时间伸展）

　　（4）Freeze （冻结帧）

11. Blending（帧融合）

　　（1）Off（关闭）

　　（2）Mix（帧融合）

　　（3）Pixel Motion（像素运动）

12. 3D Layer（3D 层）

13. Guide Layer（向导层）

14. Add Marker（添加标记）

15. Preserve Transparency（保持透明度）

16. Blending Mode（混合模式）

17. Next Blending Mode（下一混合模式）

18. Previous Blending Mode（前一混合模式）
19. Track Matte（轨道蒙板）
    （1）No Track Matte（没使用轨道蒙板层）
    （2）Alpha Matte（Alpha 蒙板）
    （3）Alpha Inverted Matte（反相 Alpha 蒙板）
    （4）Luma Matte（亮度蒙板）
    （5）Luma Inverted Matte（反相亮度蒙板）
20. Layer Styles（图层样式）
    （1）Convert to Editable Styles（转换为可编辑样式）
    （2）Show All（在时间线中显示出所有的样式选项）
    （3）Remove All（删除所有的样式选项）
    （4）Drop Shadow（添加外部阴影效果）
    （5）Inner Shadow（添加内部阴影效果）
    （6）Outer Glow（添加外部辉光效果）
    （7）Inner Glow（添加内部辉光效果）
    （8）Bevel and Emboss（添加斜面和浮雕效果）
    （9）Satin（添加光泽效果）
    （10）Color Overlay（添加颜色叠加效果）
    （11）Gradient Overlay（添加渐变叠加效果）
    （12）Stroke（添加描边效果）
21. Group Shapes（图形成组）
22. Ungroup Shapes（取消图形成组）
23. Bring Layer to Front（置于顶层）
24. Bring Layer Forward（上移一层）
25. Send Layer Backward（下移一层）
26. Send Layer to Back（置于底层）
27. Adobe Encore（进行与 Adobe Encore DVD 软件联用的制作）
    （1）Create Button（创建按钮）
    （2）Assign to Subpicture 1（分配到子图像 1）
    （3）Assign to Subpicture 2（分配到子图像 2）
    （4）Assign to Subpicture 3（分配到子图像 3）
    （5）Assign to Video Thumbnails（分配到视频缩略图）
28. Convert to Editable Text（转换为可编辑文字）
29. Create Outlines（创建轮廓）
30. Auto-trace（自动跟踪）
31. Pre-compose（预合成）

五、Effect（特效）菜单

1. Effect Controls（特效控制）
2. Reduce Interlace Flicker（上一个特效）

3．Remove All（全部删除）
4．3D Channel（三维通道）
   （1）3D Chaccel Extract（提取三维通道）
   （2）Depth Matte（深度蒙版）
   （3）Depth of Field（景深）
   （4）Fog 3D（雾化）
   （5）Extractor（提取器）
   （6）ID Matte（ID 蒙版）
   （7）Identifier（标识符）
5．Audio（音频）
   （1）Backwards（倒播）
   （2）Bass & Treble（低音和高音）
   （3）Delay（延迟）
   （4）Flange & Chorus（变调和合声）
   （5）High-Low Pass（高低音过滤）
   （6）Modulator（调节器）
   （7）Parametric EQ（EQ 参数）
   （8）Reverb（回声）
   （9）Stereo Mixer（立体声混合）
   （10）Tone（音质）
6．Blur & Sharpen（模糊与锐化）
   （1）Bilateral Blur（双向模糊）
   （2）Box Blur（方形模糊）
   （3）Channel Blur（通道模糊）
   （4）Comound Blur（混合模糊）
   （5）Direction Blur（方向模糊）
   （6）Fast Blur（快速模糊）
   （7）Gaussian Blur（高斯模糊）
   （8）Radial Blur（径向模糊）
   （9）Sharpen（锐化）
   （10）Unsharp Mask（非锐化遮罩）
   （11）Lens Blur（镜头模糊）
   （12）Reduce Interlace Flicker（移除影片交错）
   （13）Smart Blur（智能模糊）
7．Channel（通道）
   （1）Alpha Levels（Alpha 色阶）
   （2）Arithmetic（运算）
   （3）Blend（混合）
   （4）Calculations（计算）
   （5）Channel Combiner（通道组合）

(6) Compound Arithmetic（复合计算）
(7) Invert（反相）
(8) Minimax（扩亮扩暗）
(9) Remove Color Matting（删除蒙版颜色）
(10) Set Channels（设置通道）
(11) Set Matte（设置蒙版）
(12) Shift Channels（转换通道）
(13) Solid Composite（固态层合成）

8. Color Correction（颜色修正）
   (1) Auto Color（自动颜色）
   (2) Auto Contrast（自动对比度）
   (3) Auto Levels（自动色阶）
   (4) Brightness & Contrast（亮度和对比度）
   (5) Broadcast Colors（广播级颜色）
   (6) Change Color（改变颜色）
   (7) Change To Color（替换颜色）
   (8) Channel Mixer（通道混合）
   (9) Color Balance（色彩平衡）
   (10) Color Balance HLS（色彩平衡HLS）
   (11) Color Link（色彩链接）
   (12) Color Stabilizer（色彩平衡器）
   (13) Colorama（彩光）
   (14) Curves（曲线）
   (15) Equallize（均衡）
   (16) Exposure（曝光度）
   (17) Gamma/Pedestal/Gain（灰度/基色/增益）
   (18) Hue/Saturation（色相/饱和度）
   (19) Leave Color（保留色）
   (20) Levels（色阶）
   (21) Levels（Individual Controls）色阶（单独控制）
   (22) Photo Filter（照片滤色）
   (23) Shadow/Highlight（暗部/高光）
   (24) Tint（浅色）
   (25) Tritone（三色阶调色）

9. Distort（扭曲）
   (1) Bezier Warp（贝塞尔曲线弯曲）
   (2) Bulge（膨胀）
   (3) Corner Pin（边角定位）
   (4) Displacement Map（置换贴图）
   (5) Liquify（液化）

（6）Magnify（放大）

（7）Mesh Warp（网格变形）

（8）Mirror（镜像）

（9）Offset（偏移）

（10）Optics Compensation（光学补偿）

（11）Polar Coordinates（极坐标）

（12）Reshape（重新成型）

（13）Ripple（涟漪）

（14）Smear（涂抹）

（15）Spherize（球面化）

（16）Transform（变换）

（17）Turbulent Displace（剧烈置换）

（18）Twirl（扭转）

（19）Warp（弯曲）

（20）Wave Warp（波浪变形）

10．Generate（生成）

（1）4-Color Gradient（4色渐变）

（2）Advanced Lighting（高级闪电）

（3）Audio Spectrum（音频频谱）

（4）Audio Waveform（音频声波）

（5）Beam（光线）

（6）Cell Pattern（细胞图案）

（7）Checkerboard（棋盘格）

（8）Circle（圆形）

（9）Ellipse（椭圆形）

（10）Eyedropper Fill（滴管填充）

（11）Fill（填充）

（12）Fractal（分形）

（13）Grid（网格）

（14）Lens Flare（镜头光斑）

（15）Paint Bucket（油漆桶）

（16）Radio Waves（无线电波）

（17）Ramp（渐变）

（18）Scribble（涂写）

（19）Stroke（描边）

（20）Vegas（勾画）

（21）Write-on（书写）

11．Keying（键控）

（1）Color Difference Key（色彩差异键）

（2）Color Key（色彩键）

（3）Color Range（色彩范围）

（4）Difference Matte（差异蒙版）

（5）Extrace（提取）

（6）Inner/Outer Key（内/外轮廓键）

（7）Linear Color Key（线性颜色键控）

（8）Luma Key（亮度键）

（9）Spill Suppressor（溢色抑制）

12．Matte（蒙版）

（1）Matte Choker（蒙版清除）

（2）Simple Choker（采样清除）

13．Noise & Grain（噪波及杂点）

（1）Add Grain（添加噪点）

（2）Dust & Scratches（灰尘与划痕）

（3）Fractal Noise（分形噪波）

（4）Match Grain（匹配噪点）

（5）Median（中值）

（6）Noise（噪波）

（7）Noise Alpha（噪波 Alpha）

（8）Noise HLS（噪波/饱和度/亮度）

（9）Noise HLS Auto（自动噪波 HLS）

（10）Remove Grain（移除噪点）

（11）Turbulent Noise（扰乱噪波）

14．Obslete（老版本）

（1）Basic 3D（基本 3D）

（2）Basic Text（基本文字）

（3）Lightning（闪电）

（4）Path Text（路径文字）

15．Paint（绘图）

（1）Paint（绘制）

（2）Vector Paint（矢量绘图）

16．Perspective（透视）

（1）3D Glasses（3D 眼镜）

（2）Bevel Alpha（Alpha 倒角）

（3）Bevel Edges（边缘倒角）

（4）Drop Shadow（阴影）

（5）Radial Shadow（放射阴影）

17．Simulation（模拟）

（1）Card Dance（卡片飞舞）

（2）Caustics（焦散）

（3）Foam（泡沫）

（4）Particle Playground（粒子运动场）

（5）Shatter（粉碎）

（6）Wave World（波纹世界）

18．Stylize（风格化）

（1）Brush Strokes（画笔描边）

（2）Cartoon（卡通）

（3）Color Emboss（颜色浮雕）

（4）Find Edges（查找边缘）

（5）Emboss（浮雕）

（6）Glow（辉光）

（7）Mosaic（马赛克）

（8）Motion Tile（运动拼贴）

（9）Posterize（多色调分离）

（10）Roughen Edges（粗糙边缘）

（11）Scatter（分散）

（12）Strobe Light（闪光灯）

（13）Texturize（纹理化）

（14）Threshold（阈值）

19．Text（文字）

（1）Numbers（数字文本）

（2）Timecode（时间码）

20．Time（时间）

（1）Echo（回响）

（2）Posterize Time（抽帧）

（3）Time Difference（时间差异）

（4）Time Displacement（时间置换）

（5）Timewarp（时间扭曲）

21．Transition（转场）

（1）Block Dissolve（块溶解）

（2）Card Wipe（卡片过渡）

（3）Gradient Wipe（渐变擦除）

（4）Iris Wipe（形状擦除）

（5）Linear Wipe（线性转场）

（6）Radial Wipe（旋转擦除）

（7）Venetian Blinds（百叶窗式转场）

22．Utility（实用）

（1）Cineon Converter（电影转换）

（2）Color Profile Converter（颜色文件转换）

（3）Grow Bounds（范围增长）

（4）HDR Compander（HDR 控制）

（5）HDR Highlight Compression（HDR 高光控制）

六、Animation（动画）菜单

1. Save Animation Preset（保存预设动画）
2. Apply Animation Preset（应用预设动画）
3. Recent Animation Preset（最近预设动画）
4. Browse Presets（浏览预设动画）
5. Add Key（添加显示选项关键帧）
6. Toggle Hold Key（冻结关键帧）
7. Key Interpolation（关键帧插值）
8. Key Velocity（关键帧速率）
9. Key Assistant（关键帧助手）
   （1）Convert Audio to Keys（音频转换为关键帧）
   （2）Convert Expression to Keys（表达式转换为关键帧）
   （3）Easy Ease（缓和曲线）
   （4）Easy Ease In（缓和淡入）
   （5）Easy Ease Out（缓和淡出）
   （6）Exponential Scale（指数缩放）
   （7）RPF Camera Import（RPF 摄像机导入）
   （8）Sequence Layers（连续图层）
   （9）Time-Reverse Keys（关键帧时间反向）
10. Animate Text（文本动画）
11. Add Text Selector（添加文本选择器）
    （1）Range（范围）
    （2）Wiggly（抖动）
（3）Expression（表达式）
12. Remove All Text Animators（清除所有文本动画）
13. Add Expression（添加表达式）
14. Track Motion（跟踪运动）
15. Stabilize Motion（稳定运动）
16. Track this property（跟踪当前属性）
17. Reveal Animating Properties（显示动画属性）
18. Reveal Modified Properties（显示被修改属性）

七、View（视图）菜单

1. New Viewer（新视图）
2. Zoom In（放大）
3. Zoom Out（缩小）
4. Resolution（解析度）
5. Proof Setup（校对设置）
6. Proof Colors（校对颜色）

7．Show Rulers（显示标尺）

8．Hide Guides（隐藏参考线）

9．Snap to Guides（吸附参考线）

10．Lock Guides（锁定参考线）

11．Clear Guides（清除参考线）

12．Show Grid（显示网格）

13．Snap to Grid（吸附网格）

14．View Options（视图选项）

15．Hide Layer Controls（隐藏图层控制）

16．Reset 3D View（重置 3D 视图）

17．Switch 3D View（切换 3D 视图）

（1）Active Camera（当前摄像机）

（2）Front（前视图）

（3）Left（左视图）

（4）Top（顶视图）

（5）Back（后视图）

（6）Right（右视图）

（7）Bottom（底视图）

（8）Custom View 1（自定义视图 1）

（9）Custom View 2（自定义视图 2）

（10）Custom View 3（自定义视图 3）

18．Assign Shortcut to "Active Camera"（分配快捷键到快动摄像机）

（1）Replace "Front"（替换前视图）

（2）Replace "Custom View 1"（替换自定义视图 1）

（3）Replace "Active Camera"（替换激活摄像机）

19．Switch to Last 3D View（切换到最近的 3D 视图）

20．Look at Selected Layers（观察选择图层）

21．Look at All Layers（观察所有层）

22．Go to Time（转到指定时间）

反侵权盗版声明

电子工业出版社依法对本作品享有专有出版权。任何未经权利人书面许可，复制、销售或通过信息网络传播本作品的行为；歪曲、篡改、剽窃本作品的行为，均违反《中华人民共和国著作权法》，其行为人应承担相应的民事责任和行政责任，构成犯罪的，将被依法追究刑事责任。

为了维护市场秩序，保护权利人的合法权益，我社将依法查处和打击侵权盗版的单位和个人。欢迎社会各界人士积极举报侵权盗版行为，本社将奖励举报有功人员，并保证举报人的信息不被泄露。

举报电话：（010）88254396；（010）88258888
传　　真：（010）88254397
E-mail：dbqq@phei.com.cn
通信地址：北京市万寿路173信箱
　　　　　电子工业出版社总编办公室
邮　　编：100036

反侵权盗版声明

电子工业出版社依法对本作品享有专有出版权。任何未经权利人书面许可,复制、销售或通过信息网络传播本作品的行为,歪曲、篡改、剽窃本作品的行为,均违反《中华人民共和国著作权法》,其行为人应承担相应的民事责任和行政责任,构成犯罪的,将被依法追究刑事责任。

为了维护市场秩序,保护权利人的合法权益,我社将依法查处和打击侵权盗版的单位和个人。欢迎社会各界人士积极举报侵权盗版行为,本社将奖励举报有功人员,并保证举报人的信息不被泄露。

举报电话:(010)88254396;(010)88258888
传 真:(010)88254397
E-mail: dbqq@phei.com.cn
通信地址:北京市万寿路 173 信箱
          电子工业出版社总编办公室
邮 编:100036